“十三五”国家重点研发计划项目
装配式混凝土工业化建筑高效施工关键技术研究与示范（2016YFC0701700）资助

装配式混凝土结构高效施工指南

吴红涛　姜龙华　主编

中国建筑工业出版社

图书在版编目（CIP）数据

装配式混凝土结构高效施工指南/吴红涛，姜龙华主编. —北京：中国建筑工业出版社，2019.12
ISBN 978-7-112-24371-6

Ⅰ.①装… Ⅱ.①吴…②姜… Ⅲ.①装配式混凝土结构-混凝土施工-指南 Ⅳ.①TU755-62

中国版本图书馆 CIP 数据核字(2019)第 233353 号

《装配式混凝土结构高效施工指南》一书内容共四章，包括装配式建筑施工、中建快速装配体系、装配式框架施工体系、常见问题分析及对策。内容精炼，可操作性强。

本书适合从事装配式建筑的技术人员参考学习，也可供相关专业大中专院校学生学习使用。

责任编辑：王砾瑶 张 磊 范业庶
责任校对：赵 菲

装配式混凝土结构高效施工指南
吴红涛 姜龙华 主编
*
中国建筑工业出版社出版、发行（北京海淀三里河路 9 号）
各地新华书店、建筑书店经销
北京科地亚盟排版公司制版
北京建筑工业印刷厂印刷
*
开本：787×1092 毫米 1/16 印张：6½ 字数：132 千字
2020 年 2 月第一版 2020 年 2 月第一次印刷
定价：**38.00** 元
ISBN 978-7-112-24371-6
(34859)

本书编委会

主编： 吴红涛　姜龙华

参编： 刘　康　周毓载　梁　伟　陈　骏　伍永祥

余　祥　庞海枫　宋　竹　苏　章　李文健

尤伟军　陈　磊　袁东辉　王续胜　王远航

李　娟　张　弓　向　勇

审查： 李善志　陈荣亮　欧阳仲贤　李张苗

前　言

近几年装配式建筑进入全面发展时期，政策支持与技术支撑已逐步建立，行业内生动力也逐渐增强，随着《中共中央国务院关于进一步加强城市规划建设管理工作的若干意见》（中发〔2016〕6号）、《关于大力发展装配式建筑的指导意见》（国办发〔2016〕71号）等一系列政策措施的发布，为装配式混凝土建筑技术的发展提供了政策支持。

随着技术的革新，装配式混凝土建筑结构形式不断丰富，如装配式框架结构、装配式剪力墙结构、装配式框架-剪力墙结构等。同时随着装配式混凝土建筑结构形式的不断丰富及使用，国家、行业和地方相关标准不断完善，相关图集不断更新。目前，针对不同的装配式混凝土建筑结构形式，我国已形成相对完善的标准规范体系。但装配式混凝土建筑工程管理人员专业水平及管理能力尚有不足，致使国内装配式混凝土建筑工程施工进度及质量难以保证。针对此类问题，编写《装配式混凝土结构高效施工指南》。

本指南以通用、高效为立足点，以培养装配式混凝土建筑工程专业管理人员为目标。通过对装配式混凝土剪力墙结构、装配式混凝土框架结构和中建快速装配体系的介绍，使读者清晰全面地了解装配式混凝土剪力墙结构、装配式混凝土框架结构以及中建快速装配体系三种结构体系的施工内容，同时结合大量工程经验，精简归纳各结构体系的施工要点和常见问题及对策，帮助现场管理人员更加高效地梳理施工内容，调配现场资源，从而确保现场能够高效施工。

本书尽管收集了大量资料，并汲取了多方面研究成果，但由于时间仓促和能力所限，书中难免存在偏差之处，期待大家批评指正。最后，向参与本书撰写及对本书内容作出贡献的各级领导、专家们表示诚挚的感谢！

本书编委会

2019年9月

目　录

第1章　装配式建筑施工

1.1　装配式建筑概述

1.1.1　国外装配式建筑发展情况

装配式建筑在发达国家的应用起步较早，进而已比较普及。在美国，已出台了《国家工业化住宅建造及安全法案》及其相应的配套规范来解决装配式建筑在房屋工程中的应用问题，装配式建筑具备较高的标准化、专业化以及普遍的商业化与个性化，装配构件极易实现机械化生产。在德国，装配式建筑的发展已经形成了强大的预制装配式建筑产业链，能够很好地实现建筑结构与水暖工程的有效配套，并且具备多所高校、研究机构等对装配式建筑技术进行不断的研究，已经能够超越固定模数尺寸的限制，取得了较好的节能减排的效果。在日本，装配式建筑的工业化生产方式极具吸引力，在日本政府的大力支持下，装配式建筑以逐步实现了从集约化到信息化的过渡，创造性的融合了防震、减震、避震技术，并采取科学合理的设计使得装配式建筑抗震效果具有十分显著的优势。

1.1.2　国内装配式建筑发展情况

2016年9月14日，国务院总理李克强召开国务院常务会议，决定在装配式建筑这一块大力发展，促进产业的转型与升级。因而，必须顺应市场需求，提升装配式建筑标准和促成现代化，工业化生产，达到装配甚至是装修一体化。

建筑工程中采用装配式混凝土结构，具有工业化水平高、建造速度快、施工质量佳、减少工地扬尘和减少建筑垃圾等优点，可以提高建筑质量和生产效率，降低成本，有效实现“四节一环保”的绿色发展要求。

加快建筑产业现代化健康快速发展，是国家工程建设领域深化改革的重要举措，是新常态下经济社会转型发展的一大亮点。为切实落实《中共中央国务院关于进一步加强城市规划建设管理工作的若干意见》（中发［2016］6号）、《国务院办公厅关于大力发展装配式建筑的指导意见》（国办发［2016］71号）和《国务院办公厅关于促进建筑业持续健康发展的意见》，全面推进装配式建筑发展，住房和城乡建设部印发了

《"十三五"装配式建筑行动方案》、《装配式建筑示范城市管理办法》、《装配式建筑产业基地管理办法》。其中《"十三五"装配式建筑行动方案》明确目标：到2020年，培育50个以上装配式建筑示范城市，200个以上装配式建筑产业基地，500个以上装配式建筑示范工程，建设30个以上装配式建筑科技创新基地，充分发挥示范引领和带动作用。

1.2 总平面布置要点

1.2.1 塔式起重机选型及布置

1. 塔式起重机选型

塔式起重机型号的选择之前，应该认真熟悉PC构件深化图纸，将每栋楼每块不同构件的重量逐项列出，然后在总平面布置图中标注出最重构件的方位，结合现场实际情况、厂家供应情况、塔式起重机性能说明书选择经济适用的塔式起重机型号。

2. 塔式起重机布置

（1）塔机的覆盖范围及起重能力：确保楼层各个角落塔式起重机都能覆盖到位且能够吊起。

（2）塔机的基础条件：重型塔式起重机运载时起重力矩较大，塔机基础尺寸应严格参照说明书方式设置，有条件的项目可以适当放大尺寸。塔式起重机基础宜采用桩基承台方式，桩基宜采用灌注桩，直径不小于800mm，桩基进入持力层。采用格构式塔式起重机基础宜经过专家论证后方能实施，独立高度折减，提前附墙。塔式起重机安装完毕之后应加强塔式起重机基础的沉降观测、塔式起重机垂直度观测。

（3）塔机位置与建筑物立面的相对关系：确保塔式起重机后期在零度夹角情况下能够顺利拆除，过程中不遇到凸出的阳台及构筑物。

（4）塔机附着条件：塔式起重机附着点宜设置在剪力墙T形墙交接处，重型塔式起重机附着方式应采用预埋附着方式。

（5）塔机安装拆除条件：确保塔式起重机后期利用汽车吊就能够顺利拆除。

3. 塔式起重机附墙

（1）塔式起重机附墙尽量选在T形剪力墙交界部位。

（2）塔式起重机附墙宜采用预埋件方式，预埋件具体预埋位置需要方案设计中提前体现，提前反应在PC构件上，确保在PC构件厂完成预留预埋工作。

1.2.2 道路布置

施工现场有条件的最好能在施工现场形成宽度6m的双车道，在转角部位确保转弯半径不小于 20m，局部需要设置 8m 宽、40m 长的错车道。

PC 运输车辆一般重达 50t 左右，考虑运输车辆荷载，环形道路施工做法为：底部铺设 300mm 厚道渣+200 厚 C20 混凝土内配 Φ10@200mm 单层双向钢筋。

遇到个别楼栋距离现场环形道路较远，采用塔式起重机多次转运，严重影响现场施工进度，必须在地下室顶板设置预制构件运输通道，因此此部分运输通道在总平面布置过程中应提前考虑到位，尽量利用原设计消防通道，同时运输通道下模板支撑体系建议采用独力支撑体系，施工之前编制地下室回顶专项施工方案报监理、设计、业主审核（图 1-1、图 1-2）。

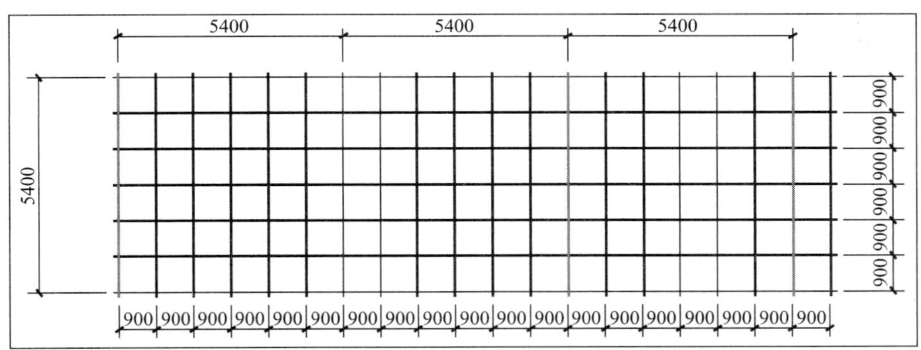

图 1-1　消防车道钢管回顶平面布置图

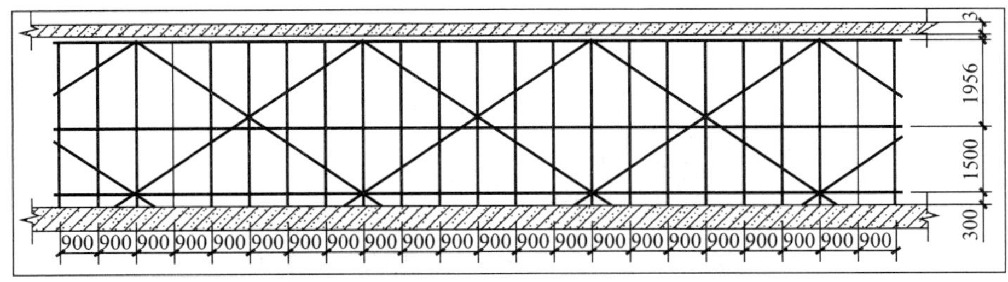

图 1-2　消防车道钢管回顶剖面图

1.2.3 预制构件堆场布置

1. 预制构件堆场平面布置

预制构件主要分为预制剪力墙板、预制阳台板、预制叠合板、预制楼梯、预制柱及预制异形构件等；预制构件应分类堆放码齐，并根据预制构件数量、堆放层数等计算预制构件堆放场地面积。

2. 预制构件堆放（图 1-3～图 1-5）

图 1-3 预制剪力墙板堆放

图 1-4 叠合板堆放

图 1-5 预制楼梯堆放

（1）预制构件进场后，应按品种、规格、吊装顺序分别设置堆场。

（2）预制剪力墙板采用堆放架插放或靠放，堆放架应具有足够的承载力和刚度；预制墙板外饰面不宜作为支撑面，对构件薄弱部位应采取保护措施。预制叠合板、柱、梁宜采用叠放方式。预制叠合板、预制楼梯叠放层数不宜大于 6 层，预制阳台板叠放层数不宜大于4层，预制柱、梁叠放层数不宜大于2层。底层及层间应设置支垫，支垫应平整且应上下对齐，支垫地基应坚实。构件不得直接放置于地面上。

（3）预制异形构件堆放应根据施工现场实际情况按施工方案执行。

（4）预制构件堆放超过上述层数时，应对支垫、地基承载力进行验算。

（5）预制构件堆场若在地下室顶板上，堆场底部最好能进行回顶措施或者同设计方沟通，加强顶板钢筋。

1.3 施工技术准备

1.3.1 技术准备

（1）预制构件安装施工前应编制专项施工方案，并经施工总承包方技术负责人及总监理工程师批准。

（2）预制构件安装施工前应对施工人员进行技术交底及安全交底，并由交底人和被交底人双方签字确认。

（3）在开始施工前，组织项目人员对施工图纸进行审查，并组织施工人员熟悉图纸后，与设计人员进行会审，提前消除技术隐患。图纸审查完成后组织图纸设计交底。

（4）对参与施工人员进行必要的技术培训，讲解项目的特点，了解专用工具和工装件的使用方法和质量、安全保证的具体措施，并进行实操演练。

（5）安装施工前，按照预制构件进场先后顺序表，仔细核对预制构件和配件的型号、规格、外观质量、尺寸偏差。

（6）现浇层与装配层首层交界处浇筑完混凝土后，吊装作业前。根据埋件布置图，仔细核对钢筋定位，对偏位钢筋进行矫正处理，以确保预埋钢筋位置的准确，保证吊装墙板的顺利进行。

1.3.2 施工准备

1. 预留钢筋定位矫正

（1）钢筋定位检查

在浇筑预留钢筋部位的混凝土前，使用钢筋定位检查工具对预留钢筋的定位进行检查，若此工具能顺利套入钢筋，则外伸钢筋定位准确；若此工具无法顺利套入钢筋，则需要使用钢筋矫正工具进行矫正，直至钢筋定位检查工具能顺利套入钢筋。此外，在通过调节螺杆高度使钢板上的气泡水平居中后，该工具还可直接检测钢筋外伸长度（图1-6）。

（2）钢筋定位矫正（图 1-7）

使用钢筋定位矫正工具时，将其套在预留钢筋上，扳动把手对其进行矫正，直到气泡水平仪的气泡居中。矫正过程中，通过查看水平仪中气泡是否居中来判断钢筋是否调直。矫正完毕后可检测预留钢筋的长度是否满足设计要求。

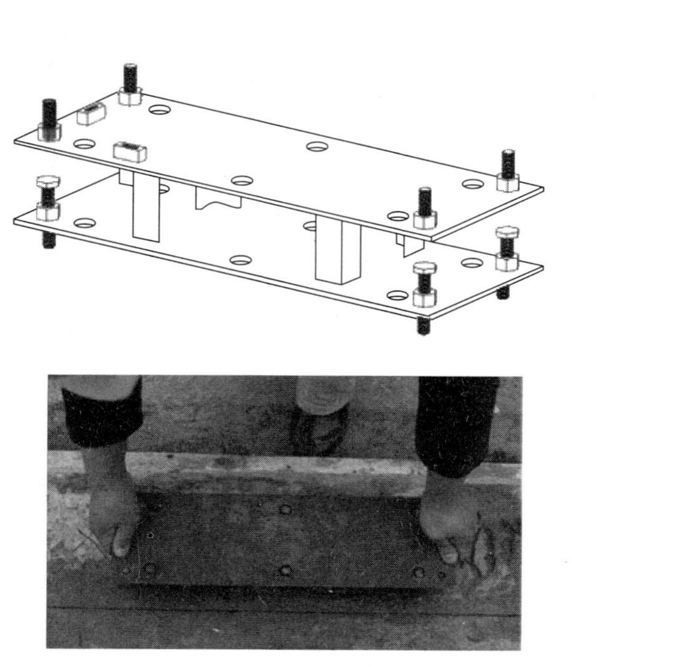

图 1-6　钢筋定位检查工具

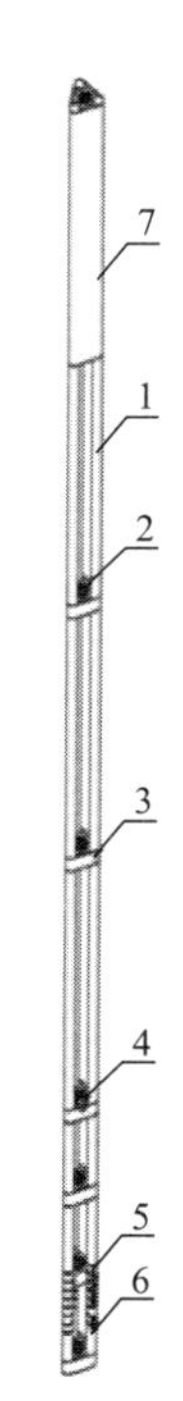

图 1-7　钢筋定位矫正

1—钢筋；2—六角螺母；3—紧固铁带；4—圆形气泡水平仪；5—刻度标尺；6—刻度数值；7—橡胶把手

2. 垫片（图 1-8）

垫片按厚度分有以下多种规格：1mm，2mm，3mm，5mm，10mm。垫片主要用来调节预制墙体的标高，以确保每一层预制外墙的横缝在一条水平线上。使用垫片时，需对放置面进行处理，确保其水平。然后使用水准仪测出放置垫片处的标高，计算出预制墙体落位处标高的平均值，待对应的预制墙体进场，通过验收可得出对应垫片位置的墙体高度，然后根据层高进行等式计算，便可得出放置垫片的高度值。根据计算得出的高度值选用合适的垫片组合即可。

3. 橡胶防水密封条（图 1-9）

橡胶防水密封条主要用作分仓和封仓处理，以确保在进行灌浆操作时不漏浆。使用时，采用 30mm 宽的橡胶防水密封条，将其粘贴在下层预制外墙的保温板上，并用水泥钉固定，同时根据设计要求，区分高强灌浆区域和非高强灌浆区域，在其之间粘贴橡胶防水密封条，并使用水泥钉固定。橡胶防水密封条的粘贴高度宜比垫片高度高出 20mm，以保证其受压紧实后能起到分隔和封堵密实的效果。

图 1-8 垫片

图 1-9 防水密封胶条

4. 吊具（图 1-10～图 1-12）

吊具主要包括吊梁、吊钉、吊扣、钢丝绳。根据预制构件的不同种类，采用不同的吊具组合，确保吊装过程更加安全、平稳。

吊梁由工字钢、角钢、钢板焊接而成，主要用来吊装预制墙体。吊梁长度根据设计预制墙体的宽度最大值确定，钢板上宜间隔 300mm 进行激光成孔以满足不同预制墙体吊装需求。

吊钉需要在预制构件生产时进行预埋，在吊装时与吊扣相连，使预制构件能够平稳吊装至指定位置。每个吊钉能承受的最大重量为 5t，因此预制构件所需预埋的吊钉数量和位置应合理选取；预制墙体宜在墙体上沿预埋 2～4 个吊钉；叠合梁宜在两端预埋 2 个吊钉；叠合板、预制阳台、预制空调板及预制楼梯宜在四角各预埋一个吊钉。

吊扣用来连接预制构件上的吊钉与钢丝绳，保证吊装过程中与预制构件的连接紧固可靠。

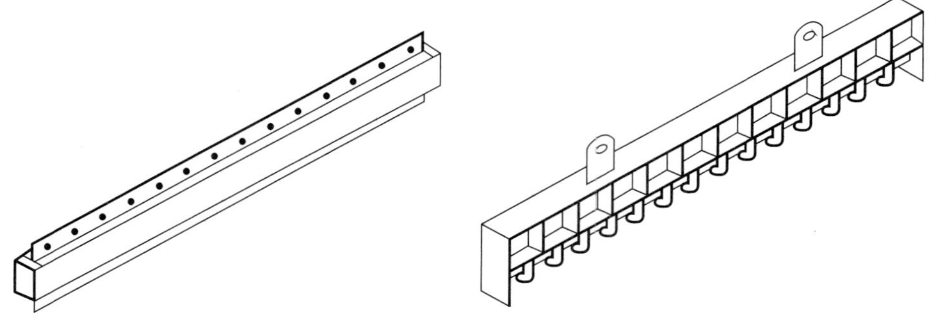

图 1-10 吊梁示意图

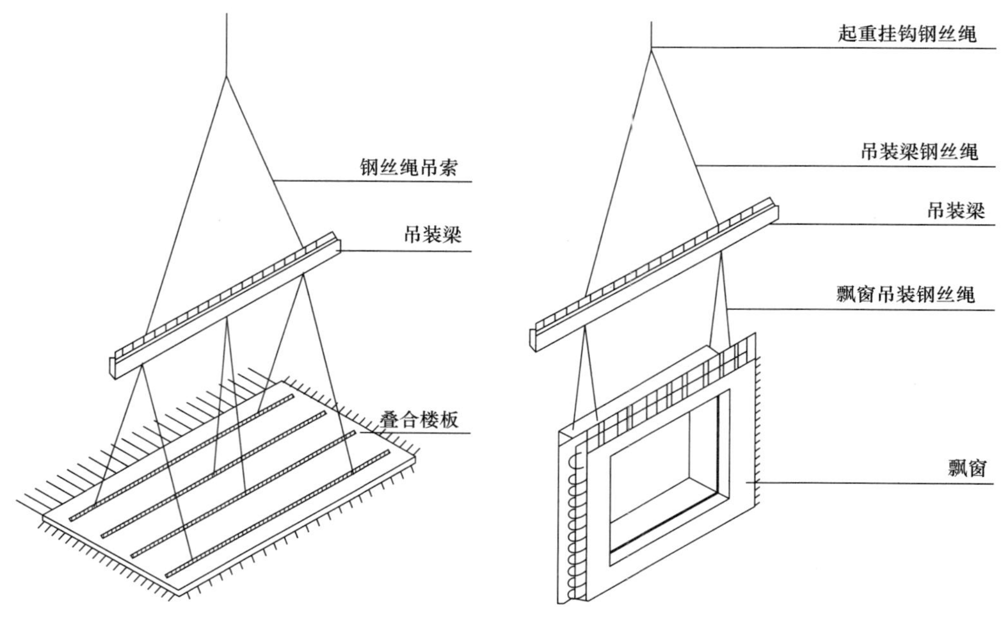

图 1-11 叠合板吊装吊具示意图

图 1-12 墙体吊装吊具示意图

5. 斜支撑（图 1-13、图 1-14）

斜支撑为预制墙体的主要支撑工具，通过其两端连接件分别与预制墙体和板面连接进行固定，通过调节可调钢支柱的长度，即可在墙体落位后调节墙体垂直度。安装斜支撑前，在叠合板内预埋螺杆，楼板叠合层混凝土浇筑后，将斜支撑加固在外露的螺杆上，后期将螺杆平板面切割即可，由此可避免安装斜支撑时破坏楼板面。在墙体落位后，将斜支撑另一端与墙体的预留丝口连接固定，通过调节可调钢支柱的长度来控制墙体垂直度。

图 1-13 斜支撑固定墙体

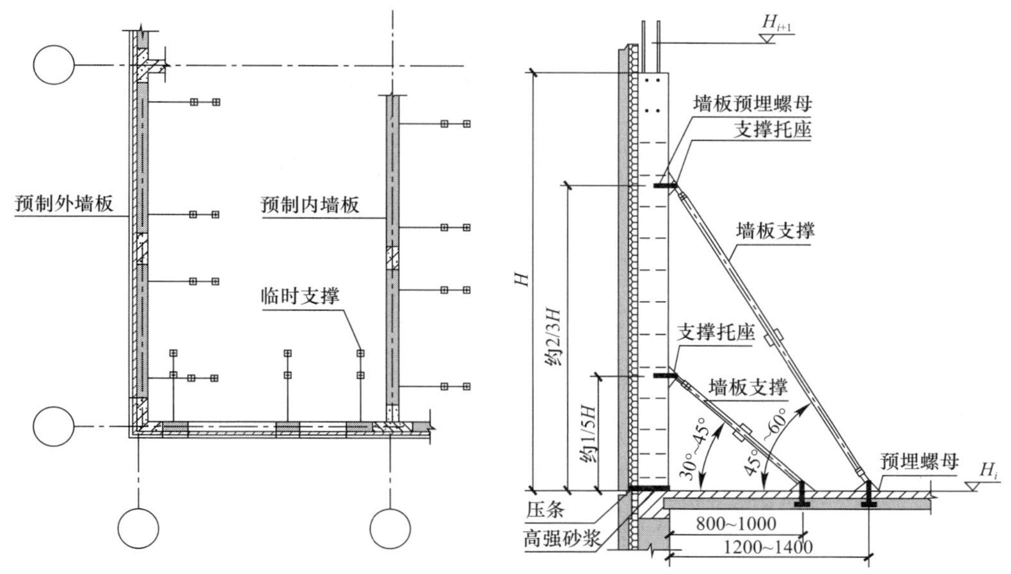

图 1-14 预制外墙板临时支撑布置图

斜支撑固定完成后在墙体底部安装七字码，用于加强墙体与主体结构的连接，确保后续作业时墙体不产生位移。每块墙体安装两根可调节斜支撑和两个七字码。也可采用两道斜撑固定方式，七字码用斜撑代替。

6. 装配式建筑专用堵缝砂浆（图 1-15）

装配式建筑专用堵缝砂浆是由水灰比在 14%～16%的水泥砂浆和高强灌浆料配合而成。针对压力注浆法所添加的高强灌浆料，可使堵缝砂浆具有流动性低，初凝时间短，强度高等特点。堵缝砂浆主要用来封堵预制墙体与楼板之间的灌浆缝隙，防止在灌浆操作时漏浆。在墙体落位后，立即对灌浆区域进行封堵，以防在进行灌浆工序前对灌浆区域造成不必要的污染，使用掺和高强灌浆料的水泥砂浆进行封堵，采取专用抹灰铲保证砂浆进入结构内≤10mm，待砂浆养护至初凝（不小于24h）能承受套筒灌浆的压力后，再进行灌浆。

图1-15　预制墙底部缝隙封堵示意图

7. 附着式外挂脚手架（图1-16）

附着式外挂脚手架由三个部分组成：三角支座、走道板、临边防护。

附着式外挂脚手架，具有运输方便、维护简单、周转使用率高等优点，避免了传统外挂脚手架因搭拆发生的非实体性消耗材料的采购成本。

安装时，先使用附墙螺杆将架体底部的三角支座与预制外墙连接固定，固定后采用特制的U型卡将踏步板与三角支座连接，然后将防护网片插入平台板，使用螺栓连成整体，最后将多片挂架连接成整体即可完成安装。

周转时，将外挂架平稳吊至上层安装，靠近已安装好的预制外墙时，施工人员抓住缆风绳使外挂架缓慢贴近墙体，将三角支座上的附墙螺杆插入墙体预留孔洞，在室内用螺母紧固即可完成周转。先紧固上侧螺杆，后紧固下侧螺杆。

8. 三角独立支撑（图1-17）

三角独立支撑由可调钢支柱与下部三角支架组合而成，三角支架起到水平固定作用，因此可不必另加水平支撑。三角独立支撑主要作为叠合梁、叠合板、预制阳台等水平构件的竖向支撑体系。使用时将可调钢支柱按要求垂直立于地面支撑点，再将三角支架扣在钢支柱上，调整各个角的位置，使钢支柱垂直。然后通过可调钢支柱上的调节工具调整钢支柱的高度，使其达到设计标高，将可调钢支柱高度锁死，即可完成三角独立支撑安装。

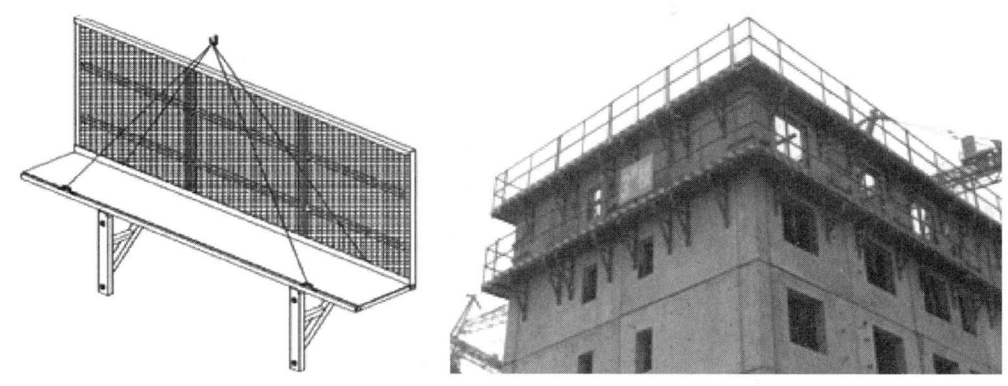

图 1-16 附着式外挂脚手架

图 1-17 三角独立支撑

1.4 构件运输及堆放

1.4.1 运输

构件生产单位应制定科学合理的构件运输方案，包括运输方法、选择起重机械（装卸构件用）和运输车辆的选择等。应根据运输构件的重量、外形和数量，装卸车现场和运输道路情况，施工单位或当地的起重机械和运输车辆的供应条件以及经济效益等因素综合考虑（图 1-18）。

图 1-18　预制构件运输

1.4.2　构件运输注意事项

（1）运输道路必须平整坚实，经常维修，并有足够的路面宽度和转弯半径。载重汽车的单行道宽度不得小于 3.5m，拖车的单行道宽度不得小于 4m，双行道宽度不得小于 6m；采用单行道时，要有适当的会车点。载重汽车的转弯半径不得小于 10m，半拖式拖车的转弯半径不宜小于 15m，全拖式拖车的转弯半径不宜小于 20m。

（2）构件运输时的混凝土强度，如设计无要求时，一般构件不应低于设计强度等级的 75%，屋架和薄壁构件应达到 100%。

（3）钢筋混凝土构件的垫点和装卸车时的吊点，不论上车运输或卸车堆放，都应按设计要求进行。叠放在车上或堆放在现场上的构件，构件之间的垫木要在同一条垂直线上，且厚度相等。

（4）构件在运输时要固定牢靠，以防在运输中途倾倒，或在道路车辆转弯时车速过高被甩出。对于屋架等重心较高、支承面较窄的构件，应用支架固定。

（5）根据路面情况掌握行车速度，道路拐弯必须降低车速。

（6）根据工期、运距、构件重量、尺寸和类型以及工地具体情况，选择合适的运输车辆和装卸机械。

（7）根据吊装顺序，先吊先运，保证配套供应。

（8）对于不容易调头的构件，应根据其安装方向确定装车方向，以利于卸车就位。必要时，在加工场地生产时，就应进行合理安排。

（9）构件进场应按结构构件吊装平面布置图所示位置堆放，以免二次倒运。

1.4.3　构件堆放

构件堆放根据构件的刚度、受力情况及外形尺寸采取平放或立放。板类构件一般采取平放，桁架类构件一般采取立放，柱子则视具体情况采取平放或立放（柱截面长边与地面垂直称立放，截面短边与地面垂直称平放）。对于采用堆放架的大型构件，架体受力情况必须经过计算（图 1-19）。

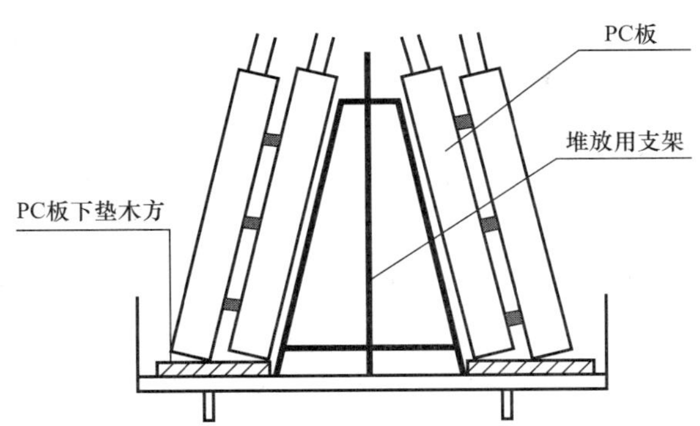

图 1-19 预制构件堆放示意图

1. 预制剪力墙

预制剪力墙进场后，可采取背靠架堆放或插放架直立堆放，也可采取联排插放架堆放，如有可靠经验也可采取其他堆放方式（图 1-20）。

图 1-20 预制剪力墙堆放示意图

2. 叠合板

堆放场地应平整夯实，并设有排水措施，堆放时底板与地面之间应有一定的空隙。垫木放置在桁架侧边，板两端（至板端 200mm）及跨中位置应设置垫木且间距不应大于1.6m。垫木的长、宽、高均不宜小于100mm，且应上下对齐。不同板号应分别堆放，堆放高度不宜大于6层。堆放时间不宜超过两个月（图1-21）。

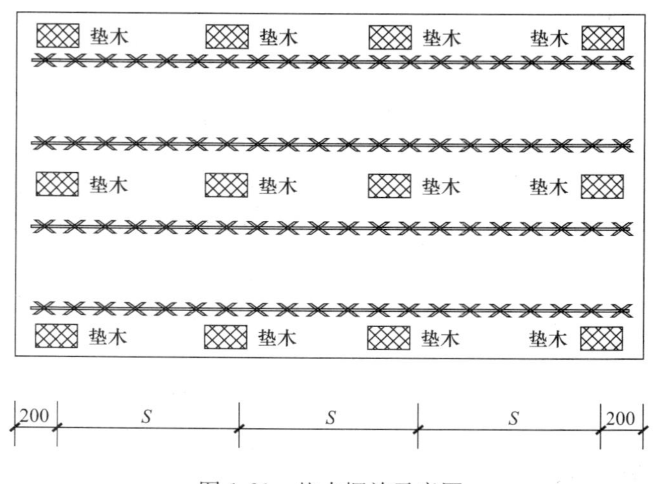

图1-21 垫木摆放示意图

3. 预制柱

预制柱的堆放视具体情况可采取平放或立放（柱截面长边与地面垂直称立放，截面短边与地面垂直称平放），柱子堆放应注意避免变截面处（如牛腿的上平面位置）产生裂缝，一般宜将该处垫点设在牛腿以上，距牛腿面300～400mm处，单牛腿的柱子宜将牛腿向上堆置（图1-22）。

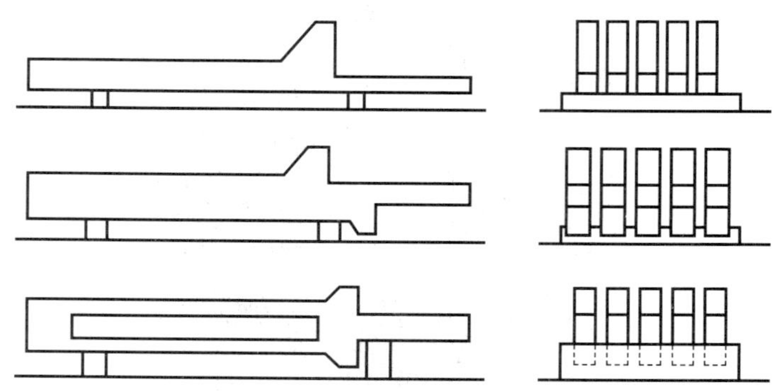

图1-22 预制柱堆放示意图

4. 预制梁

预制梁堆放场地应平整夯实，并设有排水措施，预制梁的堆放应正确设置支承点，支承点位置必须符合设计要求，多层堆放时，各层支承点必须在同一垂直线上（见图1-23）。

图 1-23 预制梁堆放示意图

5. 预制楼梯

预制楼梯堆放场地应平整夯实，楼梯段每垛码不应超过 4 层，考虑集中荷载的效应，预制楼梯分散堆放，并在楼梯下面铺木枋，垫木应上下对正，放在同一垂线上，以增加受力面积及减少碰撞损坏（见图 1-24）。

图 1-24 预制楼梯堆放示意图

6. 预制阳台

预制阳台板运送到施工现场后，应按规格、品种、所用部位、吊装顺序分别设置堆场。堆场应设置在高吊范围内，宜为正吊，堆垛之间宜设置通道。

现场运输道路和堆放场地应平整坚实，并设有排水措施。运输车辆进入施工现场的道路应满足预制构件的运输要求。在卸放、吊装工作范围内，不得有障碍物，并应有满足预制构件周转使用的场地。

预制阳台板叠放时，层与层之间应垫平、垫实，各层支垫应上下对齐，最下面一层支垫应通长设置。叠放层数不应大于 4 层。预制阳台板封边高度为 800mm、1200mm 时宜单层放置。

预制阳台板应在正面设置标识，标识内容宜包括构件编号、制作日期、合格状态、生产单位等信息（图 1-25）。

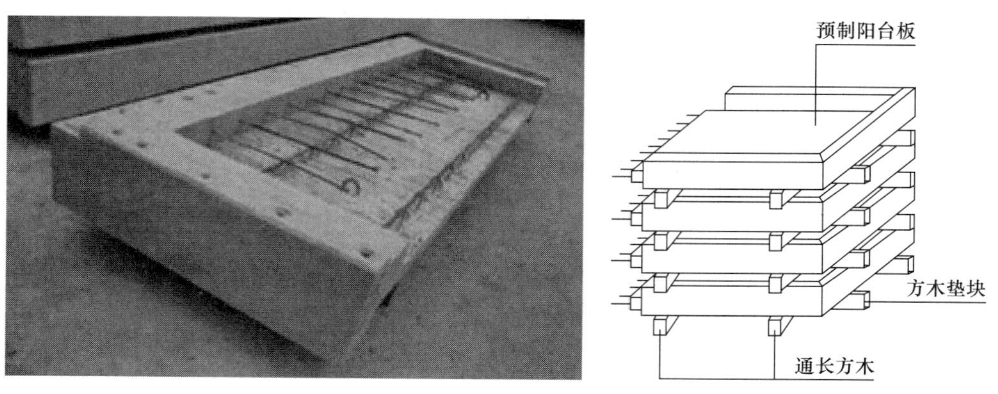

图 1-25　预制阳台板堆放示意图

1.4.4　构件堆放注意事项

（1）堆放场地地面必须平整坚实，排水良好，以防构件因地面不均匀下沉而造成倾斜或倾倒摔坏。

（2）构件应按工程名称、构件型号、吊装顺序分别堆放。堆放的位置应尽可能在起重机回转半径范围以内。

（3）构件堆放的垫点应设在设计规定的位置。如设计未规定，应通过计算确定。

（4）柱子堆放应注意避免变截面处（如牛腿的上平面位置）产生裂缝，一般宜将该处垫点设在牛腿以上，距牛腿面 300～400mm 处，单牛腿的柱子宜将牛腿向上堆置。

（5）对侧向刚度差，重心较高，支承面较窄的构件，如屋架、薄腹梁等，在堆放时，除两端垫方木外，须在两侧加设撑木，或将几个构件用长木杆以 8 号铁丝绑扎连接在一起，以防倾倒。

（6）成垛堆放或叠层堆放的构件，应以 100mm×50mm 的长方木垫隔开。各层垫木的位置应紧靠吊环外侧并同在一条垂直线上。堆放高度应根据构件形状、重量、尺寸和堆垛的稳定性来决定。一般情况下，柱子不超过 2 层，梁不宜超过 2 层。

（7）构件叠层堆放时必须将各层的支点垫实，并应根据地面耐压力确定下层构件的支垫面积。如一个垫点用一根道木不够可用两根道木或采用砖砌支墩。

（8）采用兜索起吊的大型空心板，堆放时应使两端垫木距板端的尺寸基本一致，以便吊装时可从两端对称地放入兜索。否则，板被吊起后一头高一头低，不好安装就位，并且可能发生兜索滑动使板摔落地面的事故。

（9）当在宽板上堆放窄板时，应用截面 100mm×100mm 以上的长垫木支垫。这样可将窄板的重量传到宽板的纵肋上去而不致压坏板面。

（10）构件堆放时，堆垛至原有建筑物的距离应在 2m 以上，每隔 2～3 堆垛设一条纵向通道，每隔 25m 设一条横向通道，通道宽度一般取 0.8～0.9m。

（11）构件堆放必须有一定挂钩和绑扎操作的空间。相邻的梁板类构件净距不得小于 0.2m。

1.5 构件吊装

1.5.1 预制剪力墙板施工

1. 套板固定预埋件

按照设计图纸对现浇层与装配层首层交界处钢筋进行预留预埋，为了防止钢筋在混凝土浇筑过程中移位，需要对钢筋采用套板进行固定，施工过程中严格控制现浇层与装配层首层交界处预埋钢筋间距及直径大小。

2. 斜撑固定卡箍预埋

（1）根据 PC 墙板深化图中斜撑固定点位置，同时结合现场实际情况预埋斜撑固定卡箍，一般预埋卡箍距离墙边水平间距控制在 2000mm 左右；

（2）现场施工前可以结合现场实际情况作出楼板卡箍预埋件分布图，指导现场施工；

（3）斜撑固定卡箍可以采用直径 16 圆钢弯曲成几字形，同时几字形中间加焊一条加劲肋，防止墙板侧向力将圆钢挤弯曲，确保 PC 墙板垂直度。

3. 测量放线

（1）根据现有施工图纸，放出 PC 墙板控制线，遵守 PC 墙板外侧一平的原则；

（2）放出楼层控制 1m 线，作为后期控制 PC 墙板底部缝隙大小的依据，同时可以确保门窗窗台、窗顶是否在同一水平线上。

4. 粘贴 PE 条

（1）将 PC 墙板底部基层清理干净；

（2）然后在距离 PC 墙板外侧 15mm（具体以项目图纸为准）位置粘贴 PE 橡胶条，同时在预制结构与现浇结构交界处四周粘贴 PE 橡胶条，防止混凝土浇筑过程中漏浆；

（3）间隔 1000mm 横向间距，粘贴竖向 PE 橡胶条，作为后期灌浆分仓措施，确保后期灌浆能够密实。

5. 安放塑料垫板

（1）根据结构标高控制 1m 线，调整 PC 墙板预留缝隙的大小；

（2）根据不同大小的 PC 墙板水平缝，放置好垫片，高强塑料垫块厚度分为 1mm、3mm、5mm、10mm、20mm 五种型号，一块 PC 墙板原则在两头放置垫片，墙板长度过长的可以适当增加。

6. PC 墙板吊装

（1）PC 墙板吊装之前，选择合适的起吊机械，确保其中起重机械覆盖范围内，都能吊起 PC 墙板；

（2）PC 墙板吊装过程中，遵守慢起、快升、缓放的操作方式，预制构件吊装前应进行试吊；

（3）PC 墙板吊具、钢丝绳、手拉葫芦等辅助材料，必须有产品合格证、出厂检测报告；

（4）根据 PC 墙板的跨度、形状，确定是否需要采用钢扁担辅助起吊；

（5）PC 墙板吊点设计严格遵守设计图纸要求，决不能缺少，单眼卸扣的地方严禁采用双眼卸扣起吊。

7. 安放上下斜拉杆

（1）PC 墙板安放稳定，且放置位置准确后，误差在规范允许范围之内，开始安装上下斜拉杆；

（2）先安装顶部斜拉杆，然后开始安装底部斜拉杆，通过斜拉杆进出螺丝调整 PC 墙板垂直度，最后扭紧斜拉杆，防止前后松动。

8. 松钢丝绳、脱钩、卸吊具

（1）PC 墙板斜拉杆安装完毕且扭紧之后，开始将钢丝绳松掉、脱钩、卸吊具；

（2）然后安装人员从楼梯下来，信号工指挥塔式起重机缓缓旋转，去进行下一块 PC 墙板的起吊及安装。

9. 校正 PC 墙板

（1）待到 PC 墙板吊装完毕之后，安排 3～4 个专业吊装工，对所有 PC 墙板的垂直度及上下层 PC 墙板、左右相接 PC 墙板平整度进行复测；

（2）发现垂直度平整度超出 3mm 以外 PC 墙板，通过调整斜拉杆的进出调整 PC 墙板的垂直度，当个别墙板接缝处平整度超出 3mm，很有必要采用塔式起重机辅助校正。

10. 安放连接件及橡胶皮

（1）在 PCF 板与 PCF 板拼缝处，粘贴防漏浆橡胶皮；

（2）在 PCF 板与 PCF 板交界处，采用横向连接件连接，一般住宅楼设置三道，防止后期爆模。

11. 剪力墙竖向钢筋绑扎

（1）预制剪力墙暗柱区域的纵向钢筋宜采用绑扎搭接，这样方便工人操作；

（2）预制剪力墙暗柱钢筋顺序如下：安放第一道水平箍筋→两侧墙体就位→上部水平箍筋就位→上部竖向钢筋连接（箍筋定位）→绑扎钢筋；

（3）内侧剪力墙钢筋绑扎同传统方式。

12. 剪力墙竖向模板安装

（1）预制剪力墙现浇部位竖向模板螺杆眼的位置，在PC深化前将单面支模加固螺杆眼的点位提供给PC厂家，这样方便在预制剪力墙构件中提前预留，铝合金模板与普通木模板螺杆的加固方式存在较大的差异；

（2）采用铝合金模板加固，暗柱部位混凝土成型质量较好；采用普通模板加固时，要对水平转角加固宜采用定型方钢，这样既方便施工又能解决现场施工胀模问题；

（3）内侧现浇剪力墙模板支撑方式同传统现浇结构体系。

13. 支撑体系搭设

（1）模板支撑架的搭设方式采用三角独立支撑和铝模独立钢支撑；

（2）模板支撑架的立杆间距按照方案施工；

（3）模板支撑架宜采用顶托加固方式，这样在叠合板、阳台板标高偏差的时候，可以通过调整顶托校正处理。

1.5.2 预制叠合板施工

1. 架体搭设

（1）叠合板支撑体系可以采用钢管扣件式满堂脚手架，也可以采用独立支撑体系；

（2）支撑顶面铺放100mm×100mm方木条，在叠合板与叠合板拼缝之间局部留宽100mm深15mm的凹槽，方便后期放置模板用。

2. 标高抄测

叠合板支撑体系搭设完毕之后，采用水准仪对叠合板四个角点以及中间点标高进行抄测，根据测量数据调整支撑体系标高。

3. 叠合板吊装

（1）叠合板由于板厚较薄，需要采用定制的井字架四点起吊，一次最多同时起吊三块叠合板；

（2）叠合板起吊过程中，遵守慢起、快升、缓放的操作方式，预制构件吊装前应进行试吊；

（3）叠合板吊装前，梁钢筋不宜绑扎，叠合板伸出钢筋需要锚入梁中。

4. 标高调整

（1）叠合板吊装完毕，采用水准仪对叠合板四个角点及中间点标高进行复测；

（2）发现叠合板局部标高不符合要求时，安排专人在下面调整顶托高低，然后再次复测直至满足设计及规范要求。

5. 叠合板拼缝处理

（1）上侧拼缝于混凝土浇筑前，采用砂浆进行封堵，避免混凝土浇筑过程中产生漏浆；

（2）下侧预留拼缝模板拆除后立即采用砂浆＋网格布进行处理。

1.5.3　预制楼梯施工

1. 安放聚四氯乙烯板或坐浆

（1）按照设计要求在预制楼梯铰接部位底部，放置聚四氯乙烯板；

（2）然后用水泥钉将聚四氯乙烯板固定牢固，水泥钉通常在两端及中部的上下各设置一个；

（3）若采用坐浆，支撑面上浇水湿润并坐水灰比为1∶2的水泥浆，使支座接触严密；如支撑面不严有孔隙时，要用铁楔找平，再用水泥砂浆嵌塞密实。

2. 弹出预制楼梯控制线

（1）混凝土浇筑完成后，楼层面上弹出楼梯间的中心线及预制楼梯水平控制线；

（2）水平控制线必须明确相邻两块预制楼梯之间净空；

（3）水平控制线必须明确预制楼梯起步位置。

3. 测量水平标高

（1）混凝土浇筑完成后，楼层面及楼梯休息平台测量水平标高；

（2）通过垫片调整预制楼梯的标高。

4. 预制楼梯起吊——初步起吊

（1）楼梯起吊前检查卸扣是否扭紧；

（2）楼梯起吊遵守慢起、快升、缓放的操作方式，预制构件吊装前应进行试吊。

5. 校正预制楼梯——最终就位

（1）通过预制楼梯底部支撑调整预制楼梯标高及两端平整度；

（2）开始使用水准仪复测楼梯标高；

（3）标高、平整度、楼梯净距满足设计要求，开始慢慢松开钢丝绳、卸扣、吊具；

（4）信号工最后指挥塔式起重机慢慢撤离作业面，到楼下进行下一块预制楼梯的吊装。

6. 楼梯成品保护

（1）用木模板把楼梯踏步覆盖起来，防止踏步面遭到破坏；

（2）然后在木模板表面刷红白油漆警示色。

1.5.4　预制阳台板吊装

（1）阳台板进场、编号、按吊装流程清点数量；

（2）搭设临时固定与搁置排架；

（3）控制标高与阳台板板身线；

（4）按编号和吊装流程逐块安装就位；

（5）吊点脱钩，进行下一阳台板安装，并循环重复；

（6）楼层浇捣混凝土完成，混凝土强度达到设计、规范要求后，拆除构件临时固定点与搁置的排架。

1. 梁板钢筋绑扎

（1）叠合板拼缝处按照通常设计要求都会设置一条通缝，通缝处严格按照设计图纸要求设置加强筋及拉钩；

（2）当有穿板面筋时，应注意穿板面筋与叠合板格构筋上下层的排布；在吊装预制阳台板、预制楼梯应注意伸出钢筋与主梁钢筋的上下层关系。

2. 混凝土浇筑

（1）预制构件接合面疏松部分的混凝土应剔除并清理干净；

（2）在混凝土浇筑前应洒水湿润接合面，混凝土应振捣密实；

（3）在浇筑预制剪力墙暗柱区域混凝土时，宜分三次浇筑振捣，这样避免一次性浇筑振动过大引起 PCF 板断裂；

（4）混凝土浇筑过程中，应设置专人监控，防止漏振、超振，浇筑过程中严禁加水；

（5）混凝土浇筑完毕之后，应在终凝之前按照规范要求进行养护；

（6）混凝土强度未达到 1.2MPa 不准上人，混凝土养护时间未到 24h 不宜进行下一层预制剪力墙板吊装。

1.5.5 阳台、空调板施工

（1）预制阳台吊装类似于预制楼梯，使用长短钢丝绳或吊索进行吊装；

（2）当预制阳台板吊装至作业面上空 500mm 时，减缓降落，由专业操作工人稳住预制阳台板，根据叠合板上控制线，引导预制阳台板降落至独立支撑上，根据预制墙体上水平控制线及预制叠合板上控制线，校核预制阳台板水平位置及竖向标高情况，通过调节竖向独立支撑，确保预制阳台板满足设计标高要求，允许误差为±5mm；

（3）通过撬棍调节预制阳台板水平位移，确保预制阳台板满足设计图纸水平分布要求，允许误差为 5mm，叠合板与阳台板平整度误差为±5mm；

（4）待预制阳台板定位完成后，将阳台板钢筋与叠合板钢筋焊接固定，预制构件固定完成后，摘除吊钩。阳台、空调板下部设置专用支撑排架。

1.5.6 预制剪力墙板底部灌浆

1. 施工前准备

（1）PC 吊装之前，严格将 PC 墙板底部缝隙中垃圾清理干净，然后按照 1000mm

的间隔采用PE橡胶条对水平缝进行分仓处理；

（2）PC灌浆之前，将PC底部缝隙采用无收缩水泥砂浆封堵好，防止注浆过程中漏浆；待到砂浆达到一定强度之后，然后对PC墙板水平缝注水确保接触面充分湿润。

2. 灌浆料及水的称量

（1）灌浆料拌合水以重量计。水必须称量后加入。精确至0.1kg。拌合用水应采用饮用水，使用其他水源时，应符合现行行业标准《混凝土用水标准》JGJ 63的规定；

（2）灌浆料的加水量一般控制在13%～15%之间（重量比：灌浆料：水＝1：0.13～0.15），根据工程具体情况可由厂家推荐加水量，原则为不泌水，流动度不小于270mm（不振动自流情况下）。

3. 搅拌

（1）高强无收缩灌浆料的拌合采用手持式搅拌机搅拌，搅拌时间3～5min；

（2）冬期施工时，灌浆料、拌合水及养护措施应符合现行国家标准《混凝土结构工程施工质量验收规范》GB 50204的有关规定；

（3）搅拌完的拌合物，随停放时间增长，其流动性降低。自加水算起应在30min内用完。灌浆料未用完应丢弃，不得二次搅拌使用；

（4）灌浆料中严禁加入任何外加剂或外掺剂。

4. 灌浆

（1）将搅拌好的灌浆料倒入螺杆式灌浆泵，开动灌浆泵，控制灌浆料流速在0.8～1.2L/min，待有灌浆料从压力软管中流出时，插入钢套管灌浆孔中。

（2）应从一侧灌浆，灌浆时必须考虑排除空气，两侧以上同时灌浆会窝住空气，形成空气夹层。

（3）从灌浆开始，可用竹劈子疏导拌合物。这样，可以加快灌浆进度，促使拌合物流进模板内各个角落。

（4）灌浆过程中，不准许使用振动器振捣，确保灌浆层匀质性。

（5）灌浆开始后，必须连续进行，不能间断，并尽可能缩短灌浆时间。

（6）在灌浆过程中发现已灌入的拌合物有浮水时，应当马上灌入较稠一些的拌合物，使其吸收浮水。

（7）当有灌浆料从钢套管溢浆孔溢出时，用橡皮塞堵住溢浆孔，直至所有钢套管中灌满灌浆料，停止灌浆。

（8）拆卸后的压浆阀等配件应及时清洗，其上不应留有灌浆料。

（9）灌浆工作不得污染构件，如已污染应立即用清水冲洗干净。作业过程中对余浆及落地浆液及时进行清理，保持现场整洁。

（10）灌浆结束后，应及时清洗灌浆机、各种管道以及粘有灰浆的工具。

5. 施工养护

（1）夏期施工时，浆体温度不高于30℃，冬期施工不低于5℃。当环境温度超过

35℃时，安排在夜间施工。当环境温度低于5℃时，安排在白天气温较高时段施工。当环境温度低于5℃时，若仍需进行灌浆作业，则除按正常压浆规定执行外，要提高水泥浆用水温度，使水泥浆温度不低于10℃；

（2）灌浆结束后，构件可采用自然养护，但养护温度不应低于5℃或高于30℃，否则应采取保温或降温措施；

（3）灌浆料同条件养护试件抗压强度达到35MPa后，方可进行对接头有扰动的后续施工。

1.5.7 预制外墙拼缝打胶

1. 基层处理

封堵前应对PC板缝中的杂物进行彻底清理，对于局部存在漏浆现象应凿除至PC板缝内3cm左右，并保证封堵及打胶前的基层干净整洁，否则会产生渗漏及胶水脱落现象。PC缝的宽度应上下统一，局部不平整处应先凿除或者修补，具体视现场情况而定；PC缝宽度小于10mm时需对此处PC结构进行切割。

2. 泡沫条镶嵌

镶嵌的泡沫条应顺直，不应存在有泡沫条凹凸的情况，以免影响后续打胶的工作。泡沫条镶嵌完成后距离外墙面为10mm。

3. 刷底漆

PC缝打胶前必须刷底漆，刷漆需按用漆说明书进行规范作业。

4. PC缝打胶

对PC板水平及竖向缝进行打胶，打胶厚度为10mm左右，保证打胶后胶面与PC板平整。采用电动搅拌机进行搅拌，搅拌好的胶水需在两个半小时内用完。打胶需保证密实。

1.6 构件连接

1.6.1 预制墙板间后浇节点钢筋绑扎

1. 钢筋连接

竖向钢筋连接宜根据接头受力、施工工艺、施工部位等要求选用机械连接、焊接连接、绑扎搭接等连接方式，并应符合国家现行有关标准等规定。接头位置应设立在受力较小处。

2. 钢筋连接工艺流程

套暗柱箍筋→连接竖向受力筋→在对角主筋上画箍筋间距线→绑箍筋。

3. 钢筋连接施工

（1）装配式剪力墙结构暗柱节点主要有“一”形、“L”形和“T”形几种形式（图 1-26～图 1-28）。由于两侧的预制墙板有外伸钢筋，因此暗柱钢筋等安装难度较大。需要在深化设计阶段及构件生产阶段就进行暗柱节点钢筋穿插顺序分析研究，发现无法实施的节点，及早与设计单位进行沟通，避免现场施工时出现箍筋安装困难或临时切割的现象发生。

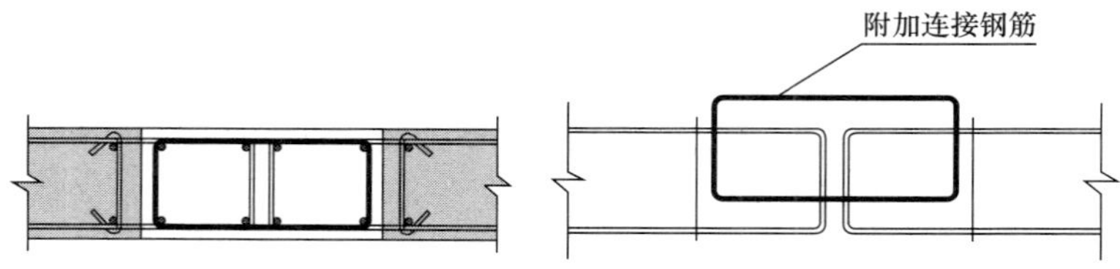

图 1-26　后浇暗柱形式示意 1（一字形）

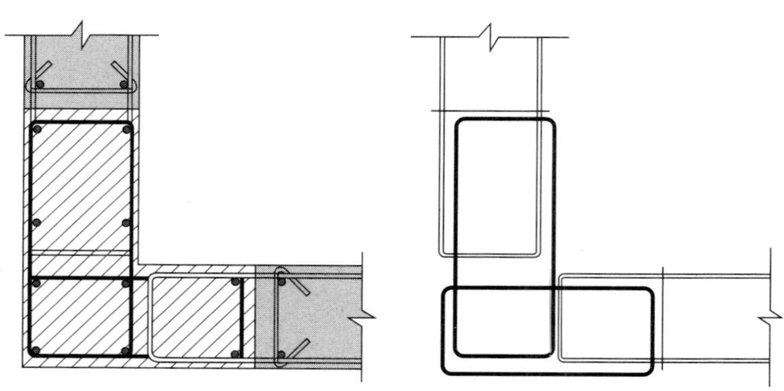

图 1-27　后浇暗柱形式示意 2（L 形）

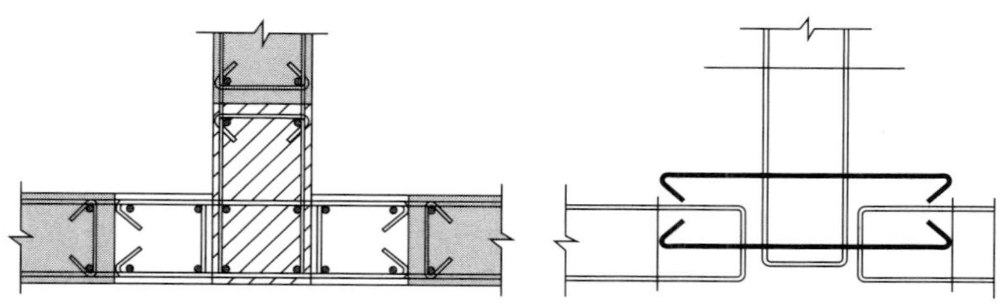

图 1-28　后浇暗柱形式示意 3（T 形）

（2）后浇节点钢筋绑扎时，可采用人字梯作业，当绑扎部位高于围挡时，施工人员应佩戴穿芯自锁保险带并作可靠连接。

（3）在预制板上用粉笔标定暗柱箍筋的位置，预先把箍筋交叉放置就位（“L”形的将两方向箍筋依次置于两侧外伸钢筋上）；先对预留竖向连接钢筋位置进行校正，然后再连接上部竖向钢筋。

1.6.2 机电管线埋设

为了防止位置偏移，采用定制新型线盒，该种线盒有两个穿钢筋套管，使用时利用已穿的附加定位钢筋与主筋绑扎牢固。

1.6.3 预制墙板间后浇节点支模

(1) 安装模板前将墙内杂物清扫干净，在大模板下口抹砂浆找平层，解决地面不平造成墙体混凝土浇筑时漏浆的现象；安装模板时利用顶模筋进行定位。

(2) 后浇暗柱模板支设按照模板类型可分为大钢模、铝模、塑料模版。按照支设方式可分为：预制墙板上预留对拉螺栓孔进行固定和预制墙板上预留内置螺栓眼进行固定。为避免预制构件和后浇节点交界处出现胀模、错台等现象，在预制墙板边留置企口，模板边与企口连接，拆模后粉刷石膏找平即可。

以下列举几种典型节点的模板支设方式：

1) 两块预留外墙板之间“一”字形后浇节点做法；

采用内侧单侧支模时，外侧利用预制墙板外叶板作为纸模板，内侧模板与预制墙板内埋螺母固定（图 1-29）。

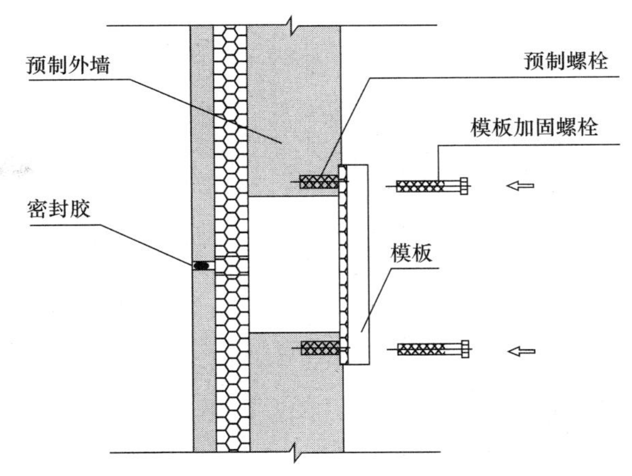

图 1-29 “一”字形后浇节点模板支设示意图 1

采用内外侧双支模板时，可通过墙板拼缝设置对拉螺杆，也可以在预制墙板上留洞设置对拉螺杆（图 1-30、图 1-31）。

2) 两层预制外墙板之间“T”形后浇节点，现浇部分内侧采用单侧支模，外侧为预制墙板外叶板（装饰面层＋保温层）兼模板，接缝处采用聚乙烯棒＋密封胶。与“一”字形类似（图 1-32、图 1-33）。

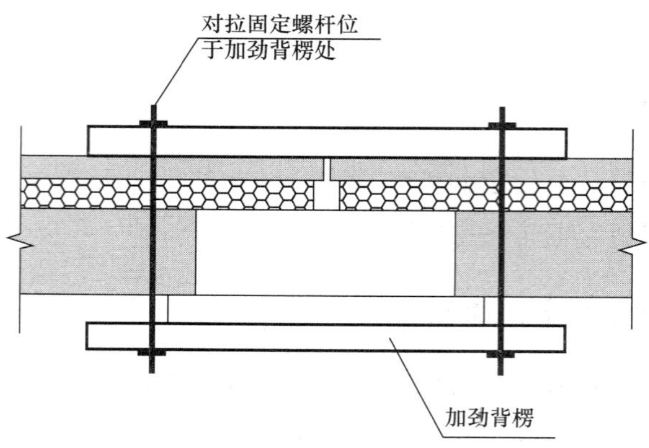

图 1-30　“一”字形后浇节点模板支设示意图 2

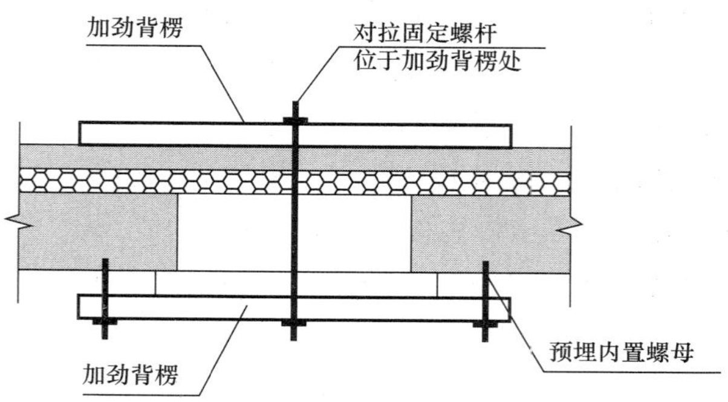

图 1-31　“一”字形后浇节点模板支设示意图 3

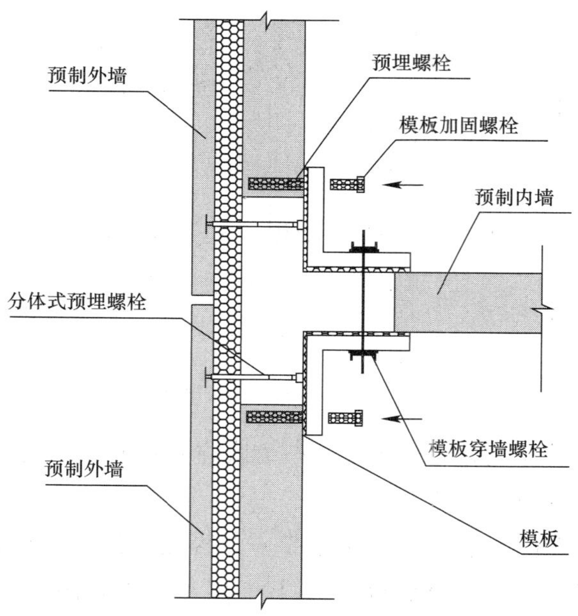

图 1-32　“T”字形后浇节点模板支设示意图 1

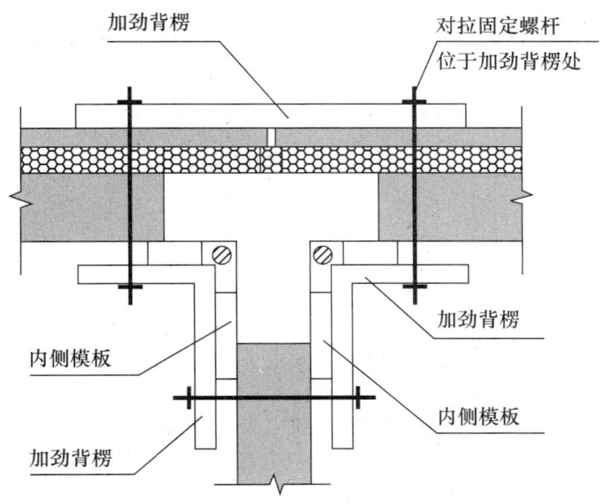

图 1-33 “T”字形后浇节点模板支设示意图 2

3）当后浇节点位于墙体转角部位时，由于采用普通模板与装饰面相平进行混凝土浇筑，会出现后浇节点与两侧装饰面有高差及接缝处理等难点。因此目前通常采用预制装饰豹纹一体化模板（PCF 板），确保外墙装饰效果的统一（图 1-34、图 1-35）。

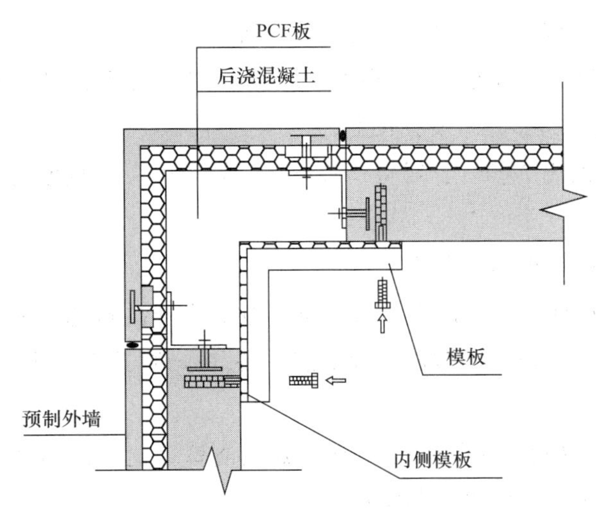

图 1-34 PCF 板安装示意 1

PCF 板支设要点如下：将 PCF 板临时固定在外架上或下层结构上，并与暗柱钢筋绑扎牢固，也可与两侧预制墙板进行拉接；内侧钢模板就位；对拉螺栓将内侧模板与 PCF 板通过背楞连接在一起；调整就位。

4）采用铝膜支设模板时墙体通常与顶板一起浇筑，达到顶板支撑拆除条件后方可拆除墙体模板。

5）模板与预制墙板接缝处要设置双面胶，防止漏浆。

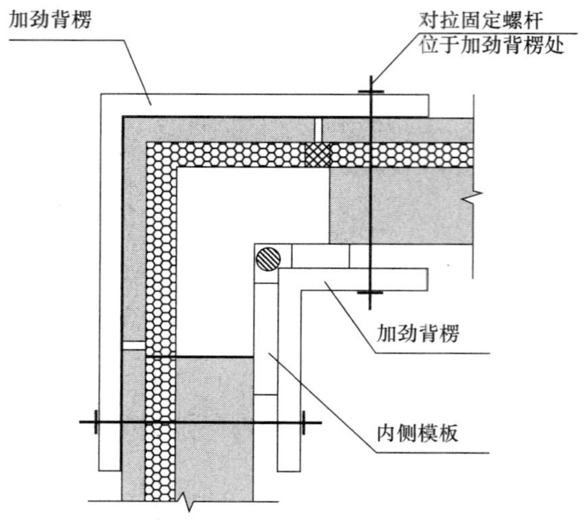

图 1-35 PCF 板安装示意 2

1.6.4 预制墙板同现浇节点墙体混凝土浇筑及养护

（1）混凝土浇筑前，应进行隐蔽工程验收。验收项目应包括下列内容：

1）钢筋的牌号、规格、数量、位置、间距等；

2）纵向受力钢筋的连接方式、接头位置、接头数量、接头面积百分率、搭接长度等；

3）纵向受力钢筋的锚固方式及长度；

4）箍筋、横向钢筋的牌号、规格、数量、位置、间距，箍筋弯钩的弯折角度及平直段长度；

5）预埋件的规格、数量、位置。

（2）对于 PCF 板现浇节点而言，需着重控制混凝土浇筑速度并分层浇筑，每层浇筑高度不超过 500mm。防止因混凝土浇筑速度过快，侧压力过大，而造成 PCF 板裂缝、位移甚至开裂。

（3）对于采用内置螺栓孔的现浇节点混凝土浇筑，更应密切关注混凝土浇筑过程中 PCF 板的受力状况，防止质量事故发生。

（4）混凝土浇筑时，应对模板及支架进行观察和维护，发生异常情况及时处理。

（5）混凝土浇筑完成后应及时进行养护，养护时间不应少于 14d。

1.6.5 墙体模板及支撑拆除

灌浆料达到规定强度后拆除临时支撑，并进行外侧安全围护架的安装。后浇混凝土达到设计要求强度后拆除模板及斜支撑。由于墙体留置了企口，因此在模板拆除时应保证混凝土强度达到拆除条件，同时也不能过晚拆模，以防止造成粘模的情况，并且应注意企口处混凝土节点的成品保护。

1.6.6 叠合板接缝处模板支设

(1) 预制叠合板底板采用密拼接缝时，板缝上侧可用腻子＋砂浆封堵，避免后浇混凝土漏浆（图 1-36）。

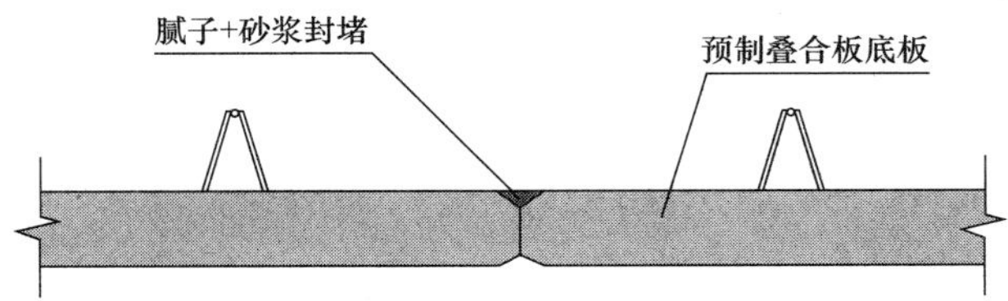

图 1-36 叠合板底部拼缝构造示意图 1

(2) 单向叠合板板缝宽度 30～50mm 时，接缝部位混凝土后浇，通常利用预制叠合板底板做吊模。预制叠合版底板下部通常加工预留凹槽，将木模嵌入，避免拆模后后浇节点下侧混凝土面突出于叠合板。板缝下部通常不设支撑（图 1-37）。

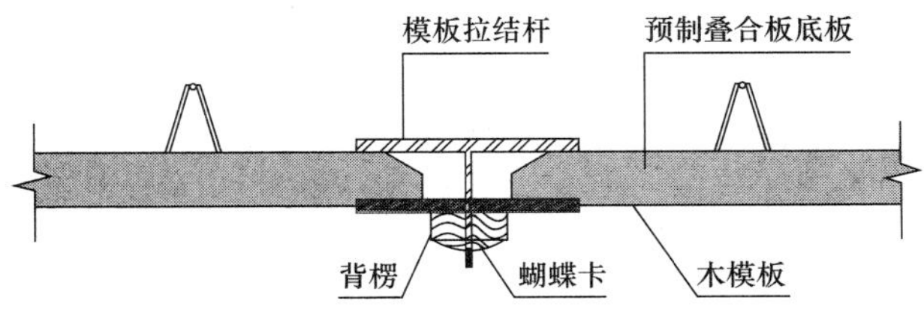

图 1-37 叠合板底部拼缝构造示意图 2

(3) 双向叠合板接缝宽度达 200mm 以上时，应单独支设接缝模板及下部支撑（图 1-38）。

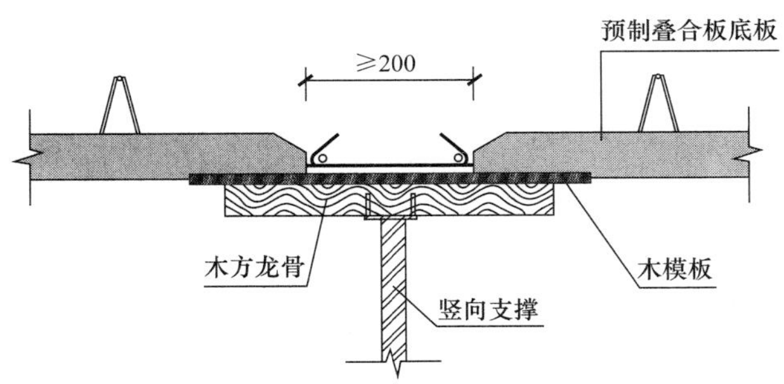

图 1-38 叠合板底部拼缝构造示意图 3

1.6.7 叠合层钢筋绑扎及埋件安放

(1) 叠合层钢筋绑扎前清理干净叠合板上的杂物，根据钢筋间距道道弹线绑扎，上部受力钢筋带弯钩时，弯钩向下摆放，应保证钢筋搭接和间距符合设计要求。

（2）叠合层处机电管线应合理排布，管线连接处应采取可靠的密封措施。

（3）安装预制墙板用的斜支撑预埋件应及时埋设。预埋件定位应准确，并采取可靠的防污染措施。

（4）钢筋绑扎过程中，应注意避免局部钢筋堆载过大。

1.6.8 叠合层混凝土浇筑及养护

（1）为使叠合层与叠合板结合牢固，要认真清扫板面，对有油污的部位，应将表面凿去一层（深度约5mm）。在浇灌前要用有压力的水管冲洗湿润，注意不要使浮灰集在压痕内。

（2）混凝土浇筑前，应采用定位卡具检查并校正预制构件的外露钢筋。在浇筑混凝土前将插筋露出部分包裹胶带，避免浇筑混凝土时污染钢筋接头。

（3）混凝土坍落度控制在16～18cm。为保证叠合板及支撑受力均匀，混凝土浇筑宜从中间向两边浇筑。混凝土浇筑应连续施工，一次完成。使用平板振捣器振捣，要尽量使混凝土中的气泡逸出，以保证振捣密实。

（4）叠合构件与周边现浇混凝土结构连接处混凝土浇筑时，应加密振捣点，保证结合部位混凝土振捣质量。

（5）混凝土浇筑时，注意不应移动预埋件的位置，且不得污染预埋件外露连接部位。

（6）混凝土浇筑过程中，应注意避免局部混凝土堆载过大。

（7）工人穿收光鞋用木刮杠在水平线上将混凝土表面刮平，随即用木抹子搓平。

（8）混凝土浇筑完成后应按方案要求及时进行养护，养护时间不少于14d。

（9）拼缝模板及板底支撑拆除：混凝土强度满足要求后，拆除叠合板拼缝模板及板底支撑。

1.7 施工控制措施

1.7.1 质量控制措施

1. 预制构件吊装误差控制

预制构件在吊装、安装就位和连接过程中的误差控制　　表1-1

项目		允许偏差（mm）	检查方法
构件的轴线位置	竖向构件（柱、墙板）	8	经纬仪及尺量
	水平构件（梁、楼板）	5	
标高	梁、柱、墙板、楼板底面或顶面	±5	水准仪或拉线、尺量
构件垂直度	墙板	5	经纬仪或吊线、尺量

续表

项目			允许偏差（mm）	检查方法
构件倾斜度	梁		5	经纬仪或吊线、尺量
相邻构件平整度	梁、楼板底面	外露	3	2m 靠尺和塞尺量测
		不外露	5	
	墙板	外露	5	
		不外露	8	
构件搁置长度	梁、板		±10	尺量
支座、支垫中心位置	板、梁、墙板		10	尺量
墙板接缝宽度			±5	尺量

2. 吊装过程标高、垂直度保证措施

在吊装中，预制墙体的标高和垂直度是控制墙体吊装的重点，准确控制标高和垂直度可以提升吊装质量，大大提升施工进度。

（1）在后浇段甩出钢筋上面测出标高控制线。

（2）根据标高控制线放置垫铁，垫铁选择 1mm、3mm、5mm、10mm、20mm 厚。根据现场实际情况，依据标高选择垫铁数量，使墙板能达到标高要求。

（3）墙板依据所弹墨线放置好后，依据标高控制线测量到墙顶尺寸。校核预制墙体的标高，校核无误后，方可松开吊钩。

（4）预制墙体吊装就位后，标高控制准确后，开始加设斜支撑。在加设斜支撑时，利用斜撑杆调节好墙体的垂直度。在调节斜撑杆时必须两名工人同时间、同方向进行操作，分别调节两根斜撑杆，与此同时要有一名工人拿 2m 靠尺反复测量垂直度，直到调整满足要求为止（依据规范要求垂直度需满足≤5mm，图 1-39）。

图 1-39 预制墙板垂直度测量

3. 注浆质量控制措施

（1）灌浆料的品种和质量必须符合设计要求和有关标准的规定。每次搅拌应有专人进行搅拌。

（2）每个孔都必须注满，有浆料从排气孔流出视为该孔注浆注满，且在注浆过程中配合比应符合使用说明书及相关规范要求。

（3）每次搅拌应记录水用量，严禁超过设计用量。

（4）注浆前应充分润湿注浆孔洞，防止因孔内混凝土吸水导致注浆料开裂情况发生。

（5）因对过长的剪力墙进行分段，防止因注浆时间过长导致孔洞堵塞，若在注浆时造成孔洞堵塞应从其他孔洞进行补注，直至该孔洞注浆饱满。

（6）灌浆完毕，立即用清水清洗注浆机、搅拌设备等。

（7）浆料同条件养护试件抗压强度达到 35MPa 后，方可进行对接头有扰动的后续施工。

（8）带注浆完成一天后应逐个对注浆孔进行检查，发现有个别未注满的情况应进行补注（图 1-40）。

图 1-40　套筒灌浆示意图

1.7.2　安全控制措施

1. 准备阶段

装配式结构施工作业过程中，应按照现行行业标准《建筑施工安全检查标准》JGJ 59 和《建筑施工现场环境与卫生标准》JGJ 146、《建筑施工高处作业安全技术规范》

JGJ 80、《建筑机械使用安全技术规程》JGJ 33 等有关安全、职业健康和环境保护的相关规定执行。

作业人员应经教育培训合格后方可上岗作业，并定期对进场的安装和吊装工人、设备操作人员、灌浆工等进行安全教育、考核。

项目经理、专职安全员和特种作业人员应持证上岗。作业前，应向作业人员进行安全技术交底，使各施工人员熟知本工程的操作规程和吊装安全要求及职责。作业人员在现场应戴安全帽，系安全带，穿防滑鞋。

针对现场可能发生的危害、灾害和突发事件等危险源，制定专项应急救援预案，定期组织员工进行应急救援演练。

2. 吊装施工安全措施

(1) 构件的吊装应编制专项施工方案，经施工单位技术负责人审批、项目总监理工程师审核合格后实施。

(2) 施工单位应对预制构件吊装的作业及相关人员进行安全培训与技术交底，明确预制构件进场、卸车、存放、吊装、就位各环节的作业风险，并制订防止危险情况的处理措施。

(3) 吊装施工前召开全体吊装人员安全专题会议，根据吊装方案明确责任，具体责任到各人员，统一指挥、统一协调。

(4) 构件起重作业时，必须由起重工进行操作，吊装工进行安装。绝对禁止无证人员进行起重作业。

(5) 预制外墙构件进场采用吊钩吊运时，不得攀爬堆放架，需采用专用操作架进行作业。预制构件卸车时应按照规定的装卸顺序进行卸车，确保车辆平衡，避免由于卸车顺序不合理导致车辆倾覆。

(6) 预制构件卸车后，应将构件按编号或按使用顺序，依次存放于构件堆放场地，构件堆放场地应设置临时固定措施，避免构件存放工具失稳造成构件倾覆。对于堆放场地地基承载力、堆放支架、吊具、防护架等，需经过验算方能投入使用。

(7) PC 构件吊装前，应根据设计图纸中构件的尺寸、重量及吊装半径选择合适的吊装设备，留有足够的起吊安全系数。吊装期间严格保证吊装设备的安全性，操作人员全部持证上岗，且高空作业必须保持身体状况良好。

(8) 结合 PC 建筑施工的特殊性，归纳总结预制构件吊装施工过程中的危险点、注意点、需要实施的安全措施。向班组进行书面安全技术交底，履行签认手续，并对规程、措施、交底要求执行情况经常检查，随时纠正违章作业。

(9) 安装作业开始前，应对安装作业区域进行围护并树立明显的标识，拉警戒线，并派专人看管，严禁与安装作业无关的人员进入。

(10) 梁板吊装前在梁、板上提前将安全立杆和安全围护绳安装到位，为吊装时工人佩戴安全带提供连接点。所有人员吊装期间进入操作层必须佩戴安全带。

（11）当预制外墙起吊时，预制外墙窗洞处需设置保险绳，与吊梁连接，防止因吊钩脱落、断裂造成高空坠物。所有人员撤离至5m范围以外，构件吊装路线范围下方严禁人员穿越，由警戒人员看管。

（12）吊装预制外墙时，应垂直缓慢起吊，等升到一定高度时，应进行旋转。严禁跑车和旋转同时进行。待外墙升至制高点$H+4\text{m}$（H为作业层楼层标高）时，水平吊运至楼层指定位置上空，随后预制外墙缓慢下降，待其降落至距地面0.5m时，由两名专业工人手扶预制构件进行降落。

（13）预制外墙即将落地时，严禁工人用手去触摸构件下部边缘；钢筋对孔矫正时，应使用专用撬棍对钢筋进行微调，严禁用手调试，以免夹伤手指。

（14）在露天有六级及以上大风或大雨、大雪、大雾等恶劣天气时应停止起重吊装作业。雨雪过后应在作业前先试吊，确认制动器灵敏可靠后，方可进行作业，大雨禁止高空安装作业。

（15）雨期施工中，应经常检查起重设备、道路、构件堆场、临时用电等；冬期施工中，低于零摄氏度时吊装作业面不宜施工。

（16）吊装前对塔机保险、限位、钢丝绳、吊梁、吊钩等进行系统的检查，确保在良好状态下进行作业（重点检查各吊具是否匹配吊装重量）。每天吊装完成后，由专职人员对塔式起重机及吊具、临时用电等进行检查，确保安全。并定期检查吊索、吊梁等吊具的使用情况，发现开裂等问题立即停止使用。

3. 支撑架施工安全措施

（1）PC构件（叠合楼板等）的下部临时支撑架，应在进场前进行承载力试验。以试验得出的承载力极限作为计算依据，对现场支撑架布置进行计算，且严格按照计算书进行支撑架的布置，并在施工前进行核算。

（2）支撑架上部采用小型钢作为支撑点，小型钢需要与支撑架可靠连接，构件吊装到位后需及时旋紧支撑架。

（3）当上部叠合结构中现浇混凝土强度达到要求后才能拆除支撑架（以现场同条件养护试块作为拆除依据）。

4. 临边防护安全措施

（1）装配整体式混凝土结构施工宜采用围挡或安全防护操作架，特殊结构或必要的外墙板构件安装可选用落地脚手架。

（2）安全防护采用操作架时，操作架应与结构有可靠的连接体系，操作架受力应满足计算要求。

（3）预制构件、操作架、围挡等吊升阶段，在吊装区域下方设置安全警示区域，安排专人监护，该区域不得随意进入。

(4) 施工外围护脚手架宜根据工程特点选择，并应编制详细的验算书及外围护安全专项施工方案。脚手架搭设应符合国家现行有关标准的规定。

(5) 装配整体式混凝土结构施工在绑扎柱、墙钢筋时，应采用专用登高设施，当作业面高于围挡时，作业人员必须佩戴穿芯自锁保险带。

(6) 围挡设置应采取吊装一件外墙板则拆除相应位置围挡的方法，按吊装顺序，逐块（榀）进行。预制外墙板就位后，应及时安装上一层围挡。

(7) 应编制详细的高处作业及预防高处坠落安全保障措施。

5. 施工用电及消防安全措施

(1) 施工临时用电应符合现行行业标准《施工现场临时用电安全技术规范》JGJ 46 相关规定。

(2) 需进行动火作业时，首先要拿到动火许可证，作业时要充分注意防火。

(3) 装配整体式结构施工现场应设置消防疏散通道、安全通道以及消防车通道，防火防烟应分区。

(4) 施工区域应配制消防设施和器材，设置消防安全标志，并定期检验、维修，消防设施和器材应完好、有效。

(5) 现场消防设施应符合现行国家标准《建设工程现场消防安全技术规范》GB 50720 规定，临时消防设施应与工程施工进度同步设置。构件之间连接材料、接缝密封材料、外墙装饰、保温材料要求是不燃材料、A 级防火材料。

第 2 章　中建快速装配体系

2.1　中建快速装配体系简介

“中建快速装配体系（PPEFF）”，是新一代非等同现浇“干式连接”装配体系，是具有类似钢框架快速装配特点的新型后张局部有粘结预应力装配式混凝土框架体系。

本文以同心花苑还建小区幼儿园项目为例，分析了影响 PPEFF 体系。

2.2　项目概况

2.2.1　建筑设计概况

1. 总体概况

工程分为北楼和南楼两个单体，中间采用钢连桥进行连接，地上 3 层，房屋高度 11.1m，总建筑面积 3292m^2。

基础形式为预应力混凝土空心方桩＋独立承台＋拉梁，地上部分采用装配式结构，北楼结构形式为装配整体式混凝土框架结构，南楼结构形式为预应力装配式框架-抗震墙结构，使用的预制构件有：预制柱、预制叠合梁、预制叠合板、预制抗震墙、预制复合外挂板、预制楼梯板、预制内墙板等，结构预制率约 70％。

北楼框架柱分层预制，截面 500mm×500mm，底层柱脚采用单注浆孔钢筋连接灌浆套筒；预制框架梁 300mm×700mm、300mm×650mm，梁柱节点区现浇；预制次梁 300mm×600mm、300mm×500mm，节点采用牛担板节点形式；楼板采用四边不出筋叠合板，厚度为 70mm 预制＋80mm 现浇；外墙为 250mm 厚无机复合保温外挂板，采用湿式连接。

南楼框架柱通长预制，高度约 12m，截面 500×500，柱脚采用单注浆孔钢筋连接灌浆套筒；预制框架梁 400mm×600mm、300mm×600mm，梁端不出筋，采用后张局部有粘结预应力钢绞线与预制柱形成框架，梁柱接缝 25mm 采用高强纤维砂浆灌缝；楼板采用无次梁的大跨预应力空心板，厚度为 150mm 预制＋50mm 现浇，板端 1.2m 内采用混凝土灌实；外墙为 250mm 厚无机复合保温外挂板，由外到内为 60mm 厚 C30

混凝土和 190mm 厚 C10 微孔混凝土，首层、二层采用套筒灌浆连接，三层及以上采用螺栓与锚板焊接连接。

2. 预制柱

三层通高预制，截面 500mm×500mm，高度 11.93m，重量：7.7t，共有 21 根。在每层对应的标高处，预制柱上预留 2 个对穿孔道，作为干式连接的预应力孔道。

3. 叠合梁

预制叠合梁，梁两端不出钢筋，梁截面尺寸为：400mm×600mm，梁预制高度为 380mm，叠合高度为 200mm，搁置 SPD 板深度为 60mm，单根叠合梁的重量在 2.3t 左右，共有 32×3=96 根。在每根叠合梁中间预留 1 个预应力对穿孔道。

4. 预制 SPD 板

框架部分为：尺寸 1200mm×6650mm，厚度：150mm，现浇层：50mm。

梁端端部 1.2m 范围内与叠合层共同灌实，孔道内设置 1.2m 长 ⌀8 构造钢筋，板与板拼缝处砂浆塞缝，放置一根 1.2m 长 ⌀8 的构造钢筋。SPD 板降板处设置“Z”形钢筋加固。

2.3 组织机构

设置以项目经理为首的项目部对本项目实行管理，并设置安全保障小组，质量保障小组，应急小组（图 2-1）。

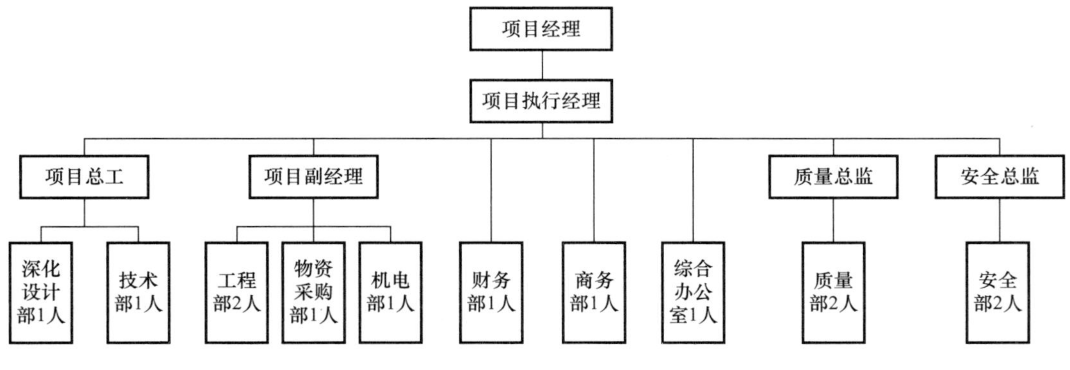

图 2-1 组织机构

2.4 施工总体流程

同心花苑幼儿园项目南楼施工总流程见图 2-2。

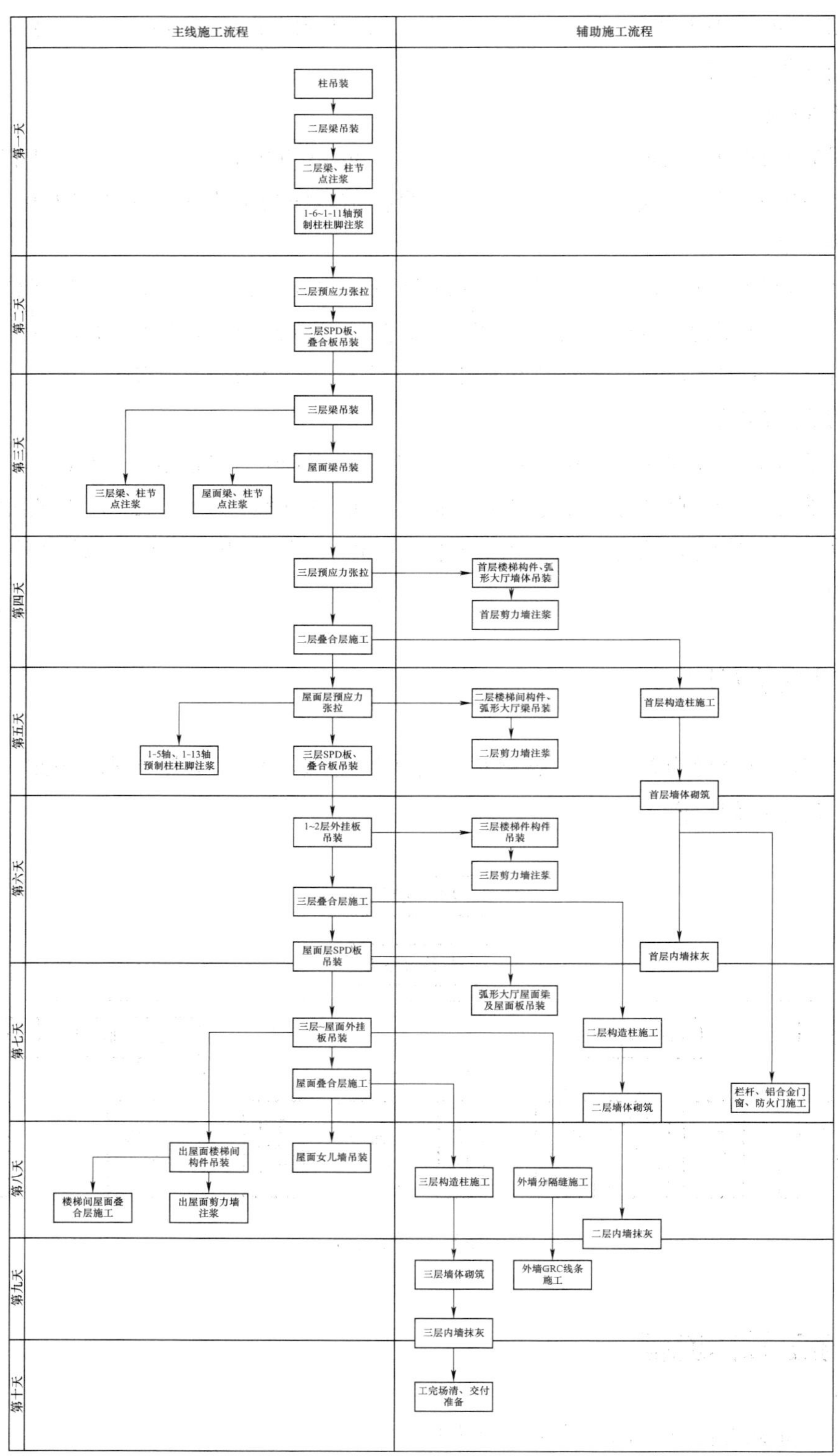

图 2-2　同心花苑幼儿园项目南楼施工总流程

2.5 施工重难点分析

施工重难点分析及解决对策见表 2-1。

施工重难点分析及解决对策 表 2-1

序号	项目	重难点分析	解决对策
1	工期紧	采用新型的 PPEFF 体系进行施工，构件吊装占用大部分施工时间，故在工作计划内，需对每一块构件的吊装时间有严格的时间要求，且在工作面交接过程中不允许存在窝工等不良现象	正式施工前对个别工序复杂的构件进行试吊，确保工人能够熟练操作，确保操作工人能够达到既定的时间要求，并在试吊过程中模拟各项工序穿插，让操作工人明确自己何时何地该做哪些事情，确保届时施工的连续性
2	构件的生产和安装精度控制	因此次工期较紧，不管对构件厂生产构件的时限要求和现场施工的时限要求均很严苛。故在构件生产过程中或构件安装过程中均存在较大的质量安全隐患	构件在进场前需集中进行验收，精确到每一块构件的每一个细部尺寸，避免因构件自身缺陷造成的现场工期延误，对验收不合格的构件坚决杜绝入场，针对构件缺陷不得存在丝毫侥幸心理； 每一块构件在正式吊装之前需对其交接面进行彻底的复查，尤其是基础界面的移交必须严格落实复查工作，在首层吊装期间坚决杜绝因构件交接面的质量问题造成的构件无法正常吊装的现象
3	分项工程多且密集，工作面交接难度大，资源组织难度大	吊装过程中涉及大量的前置和后置工序，若管理人员或带班人员不明确各工序间的先后逻辑关系，将会是对南楼造成致命打击	严格执行三级交底制度，对管理人员和劳务班组实行考核制度，考核分为吊装前和吊装过程中三个阶段。如考核不达标，对劳务队实行处罚 若吊装过程中表现优异，能够按照既定要求完成相应的施工任务，对劳务队进行奖励，具体奖罚措施后续制定
4	成品保护	因构件数量多，且在结构内构件太密集，不管在构件存放或是构件吊装过程中均对构件的成品保护存在考验	要求构件厂对外挂板的边角和涂料面提前进行保护。在构件吊装时注意精细化操作，不得盲目操作，构件就位后，尤其在叠合层施工过程中避免因混凝土浆料对构件外立面造成污染

2.6 施工技术

2.6.1 PPEFF 体系施工技术

1. PPEFF 体系的高效施工方法

整体的施工思路（其中包含合理的吊装流向），主要是从结构设计源头出发进行考虑，结合施工措施（材料、机具）的合理应用，同时应用 BIM 模型进行结构整体拆分和节点模拟，更加直观的去寻求适合的整体施工思路以及吊装流向。

该体系的结构成型主要包括：先吊装固定 3 层通高预制柱，然后依靠梁柱之间的预应力干式连接形成框架体系，水平布置大跨度预制预应力空心板，叠合层内设计梁顶屈曲约束耗能钢筋和梁底的抗剪钢筋。其中分别涵盖了“单孔灌浆套筒连接”、“梁柱预应力干式压着连接”、“大跨无次梁预应力空心楼板”和“屈曲约束耗能钢筋”等多项新技术。详见图 2-3。

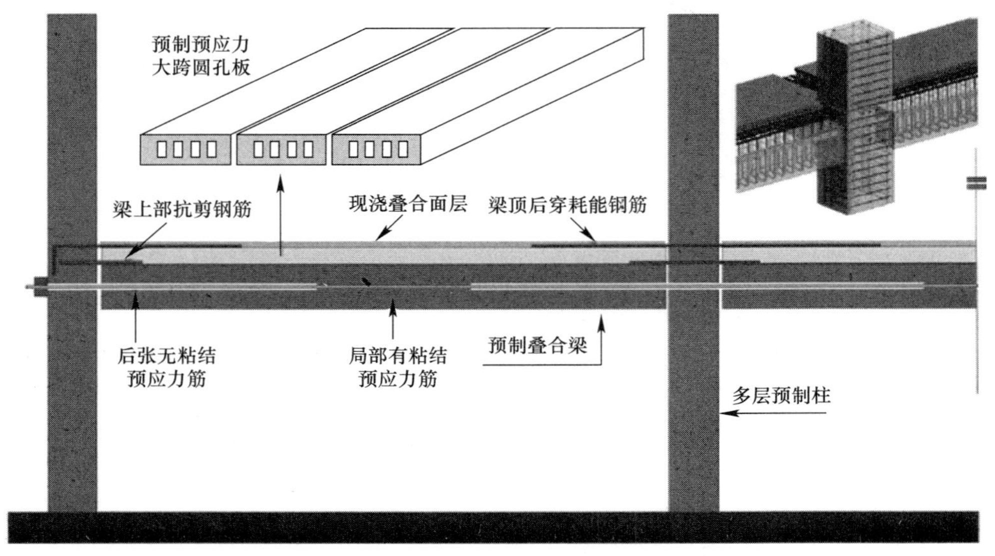

图 2-3　PPEFF 体系设计理论图

为确保幼儿园工程的顺利开展，课题组针对以下“五点”进行分析。

（1）合理的吊装流向；

（2）技术间歇控制；

（3）紧密的工序穿插；

（4）优化吊装工艺方法；

（5）施工人材机的选择。

经过以上“五点”的分析，在发挥 PPEFF 体系的特点前提下，优化技术间歇，安排各工序紧密穿插，提高劳动力技能水平，投入充足材料和优质的接卸设备选型。

2. 技术间歇的合理整合和规避

在吊装工艺和人材机均是最优的情况下，该体系如何达到高效施工的效果，合理的规划其技术间歇的控制为 PPEFF 体系实施的重点。

PPEFF 体系的技术间歇分别有以下四点：

（1）柱底注浆技术间歇；

（2）预应力张拉梁柱接头灌浆技术间歇；

（3）预应力穿筋张拉技术间歇；

（4）其余施工措施技术间歇。

经过结构设计分析，得出三种较佳的吊装流向：

① 逐层吊装叠合梁，逐层预应力张拉，逐层吊装 SPD 板和叠合层施工；

② 先吊装 3 层叠合梁，穿插预应力张拉，再逐层吊装 SPD 板和叠合层施工；

③ 先吊装第二层叠合梁，穿插第二层预应力张拉，吊装第二层 SPD 板，随后吊装第三层和屋面层叠合梁，穿插两层的预应力张拉，再逐层吊装 SPD 板和叠合层施工。

这三种较佳的吊装方式间的差距，便在于是否合理规避了技术间歇。

（1）逐层吊装叠合梁，逐层预应力张拉，逐层吊装 SPD 板和叠合层施工。

此方法为待预制柱吊装完毕后，逐层吊装叠合梁，叠合梁通过固定在预制柱四周的钢牛腿进行支撑，随后等待每一层梁柱接头处封仓注浆上强度，每层的预应力张拉。整体施工流程详见图 2-4 施工阶段工况示意图，本做法仅一个施工阶段。

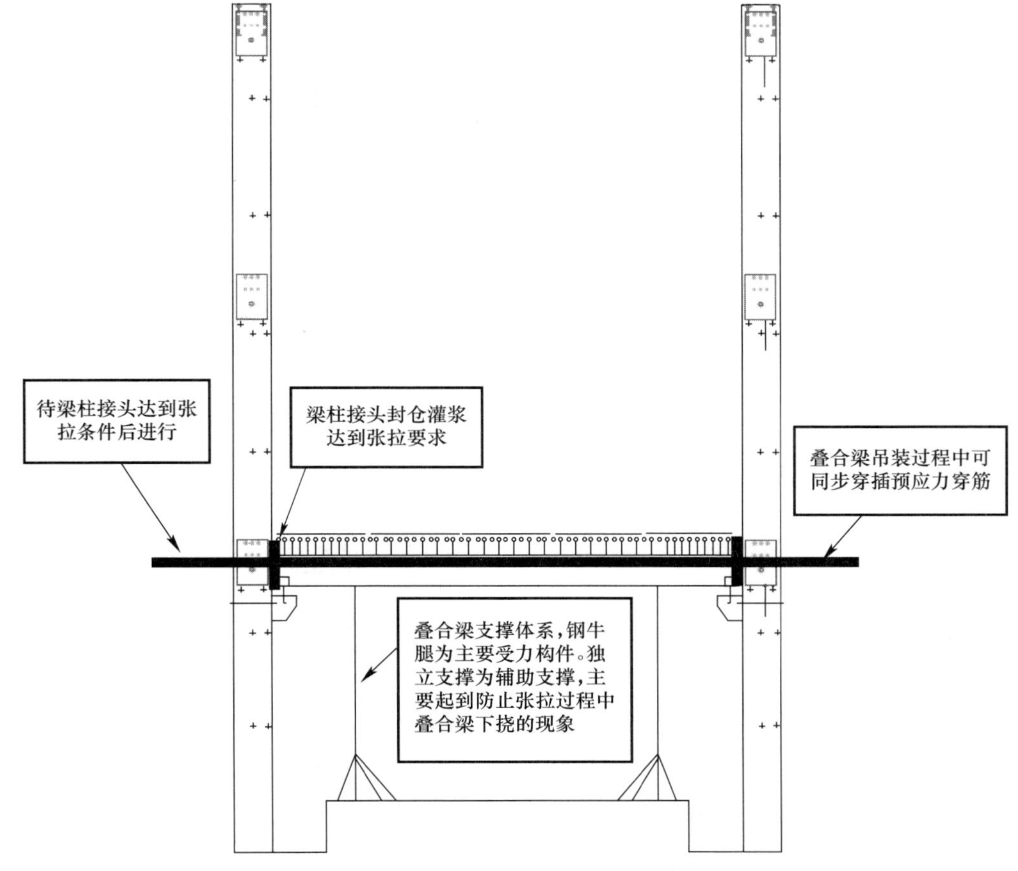

图 2-4　施工阶段工况示意图

此方法为常规做法，无法体现 PPEFF 体系的设计特点，但施工保守，可以确保工程的顺利完工。

时间溢出分析：

由于本工程的施工进度计划主线路为吊车的吊装线路，且三种施工方法的吊装工作量均相同，故不做计算，仅对影响吊装工作的技术间歇进行分析。

第一种方法仅有一个施工阶段，重复三次，溢出时间即为每层的梁柱接头封仓灌浆上强度时间和 2 跨预应力穿筋张拉的时间。

梁柱接头的封仓上强度时间为：4h

梁柱接头的注浆上强度时间为：10h

单跨预应力穿筋和张拉时间为：2h

单层的技术间歇为：4＋10＋2×2＝18h

综上所述，采用第①种吊装方法，技术间歇时间溢出 54h。

（2）先吊装 3 层叠合梁，穿插预应力张拉，再逐层吊装 SPD 板和叠合层施工

此方法采用盘扣脚手架进行搭设，通过托梁确保 3 层叠合梁可一次性吊装完毕。

预制柱吊装过程中穿插首层架体搭设，预制柱吊装完毕后开始吊装二层叠合梁并穿插下层架体搭设，同步穿插二层叠合梁的梁柱接头封仓注浆和预应力穿筋张拉工序。待屋面叠合梁张拉完毕后拆除满堂架，逐层吊装 SPD 板并穿插叠合层施工。本做法有三个施工阶段。

第一阶段为架体搭设和三层叠合梁吊装阶段，详见图 2-5 第一阶段工况示意图。

第二阶段为三层叠合梁吊装过程中同步穿插张拉阶段，详见图 2-7 第二阶段工况示意图。

第三阶段为盘扣架体拆除同步穿插 SPD 板吊装和叠合层施工阶段，详见图 2-8 第三阶段工况示意图。

此方法的核心在于使用盘扣架的特殊部件达到一次性吊装完成叠合梁，同时满堂架的支撑可防止三层叠合梁同步上的稳定性，随后 SPD 板和叠合层的吊装和施工可紧密穿插，但架体的搭设和拆除时间为其中风险项。此方法可称为 PPEFF 体系的“逆作法”。

时间溢出分析：

第一阶段：经工程量计算，600m^2 单层面积，2000m^3 的单层架体，投入 10 人班组采用盘扣架搭设，仅耗时 8h。同步穿插每层叠合梁吊装，单根叠合梁吊装时间 30min/根，使用 2 台汽车吊进行吊装，共 32 根叠合梁，故单层叠合梁吊装时间为 8h，架体搭设时间可穿插在吊装工作内，故无时间溢出。

第二阶段：单层叠合梁吊装时间为 8h，梁柱接头封仓到灌浆达到张拉条件的时间为 14h，每层预应力穿筋加张拉时间 4h，即每层溢出 10h，待屋面层最后一跨叠合梁完成张拉，时间溢出 30h。

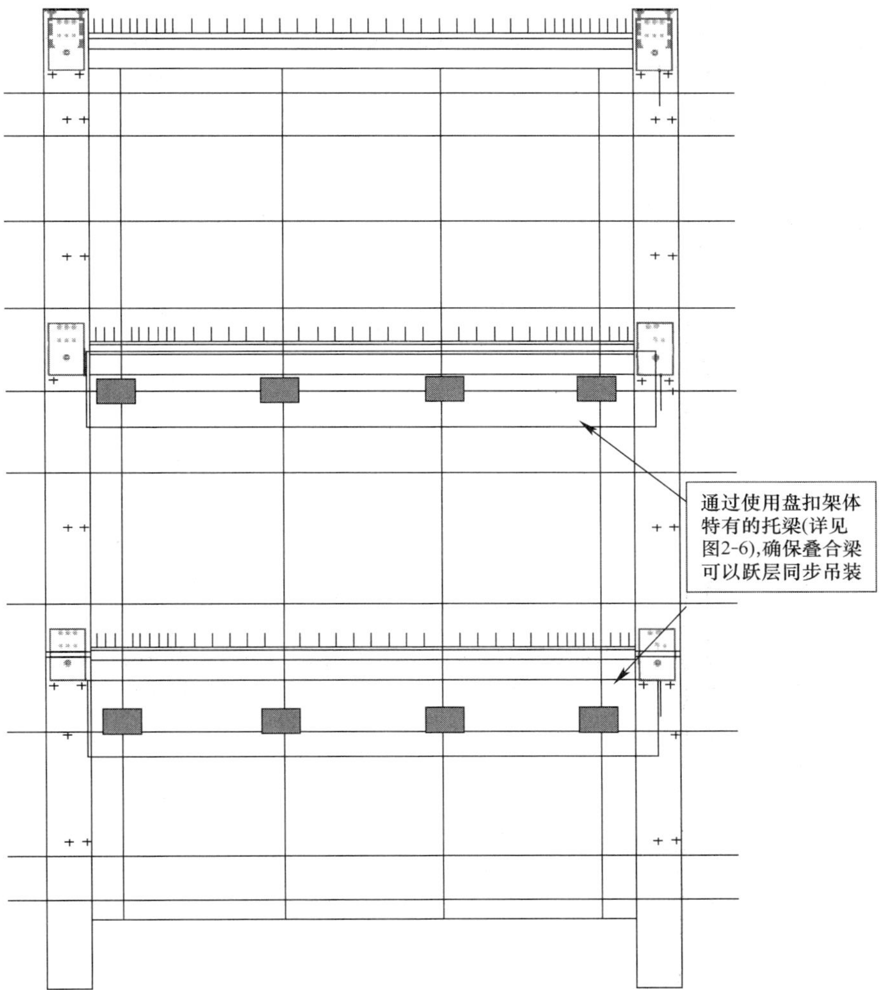

图 2-5 第一阶段工况示意图

图 2-6 盘扣架托梁

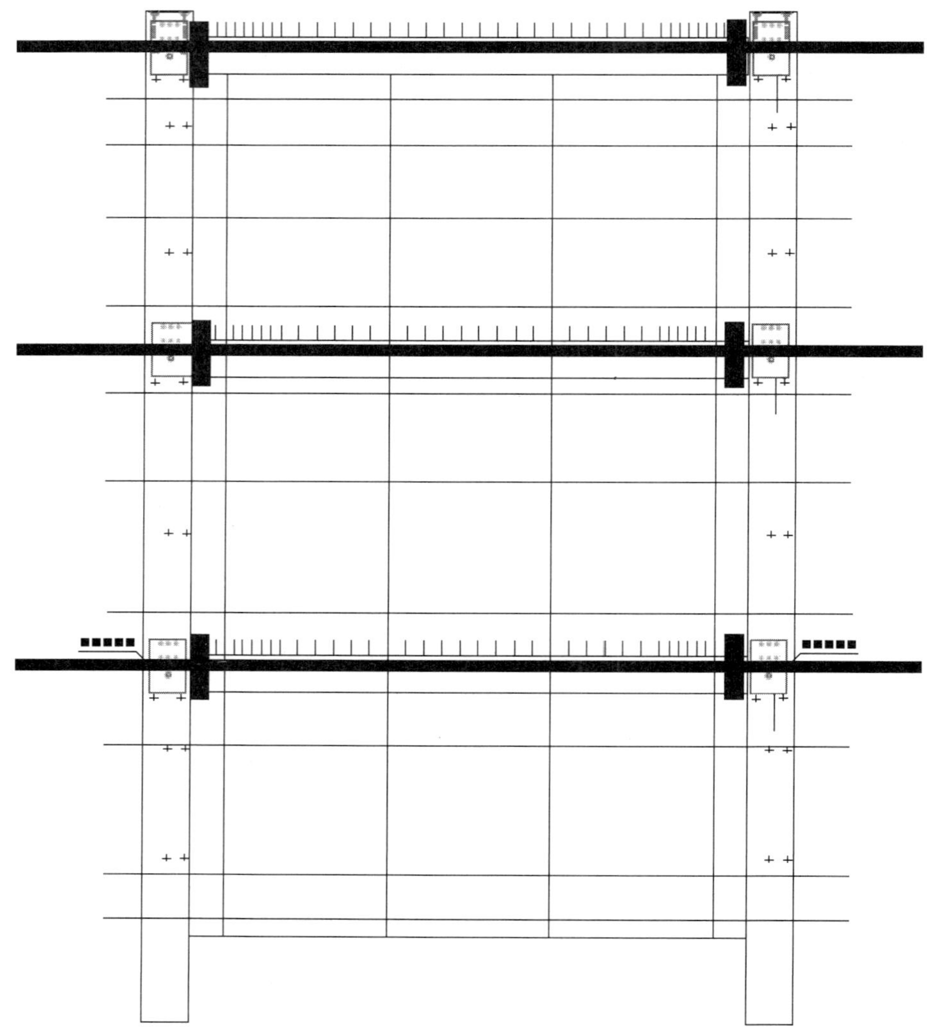

图 2-7　第二阶段工况示意图

第三阶段：吊装 SPD 板之前需拆除满堂架，经工程量计算，3 层架体拆除时间耗时约 12h。如考虑从中间向左右两侧拆除，可在架体剩下 1/3 量时穿插 SPD 板的吊装，故溢出时间为拆除 2/3 的架体时间，时间溢出 8h。

综上所述，采用第②种吊装方法，技术间歇时间溢出 38h。

（3）先吊装二层叠合梁，穿插二层的预应力张拉，随后吊装二层 SPD 板，再吊装三层和屋面层叠合梁，穿插预应力张拉，再逐层吊装 SPD 板和叠合层施工。

此方法叠合梁支撑体系与第一种方法相同，使用钢牛腿起到支撑作用，单支撑防止张拉下挠。

预制柱吊装过程中穿插叠合梁的吊装，二层叠合梁吊装完毕后，直接对二次叠合梁进行张拉，并吊装 SPD 板，随后开始吊装三层和屋面叠合梁，同步穿插三层叠合梁

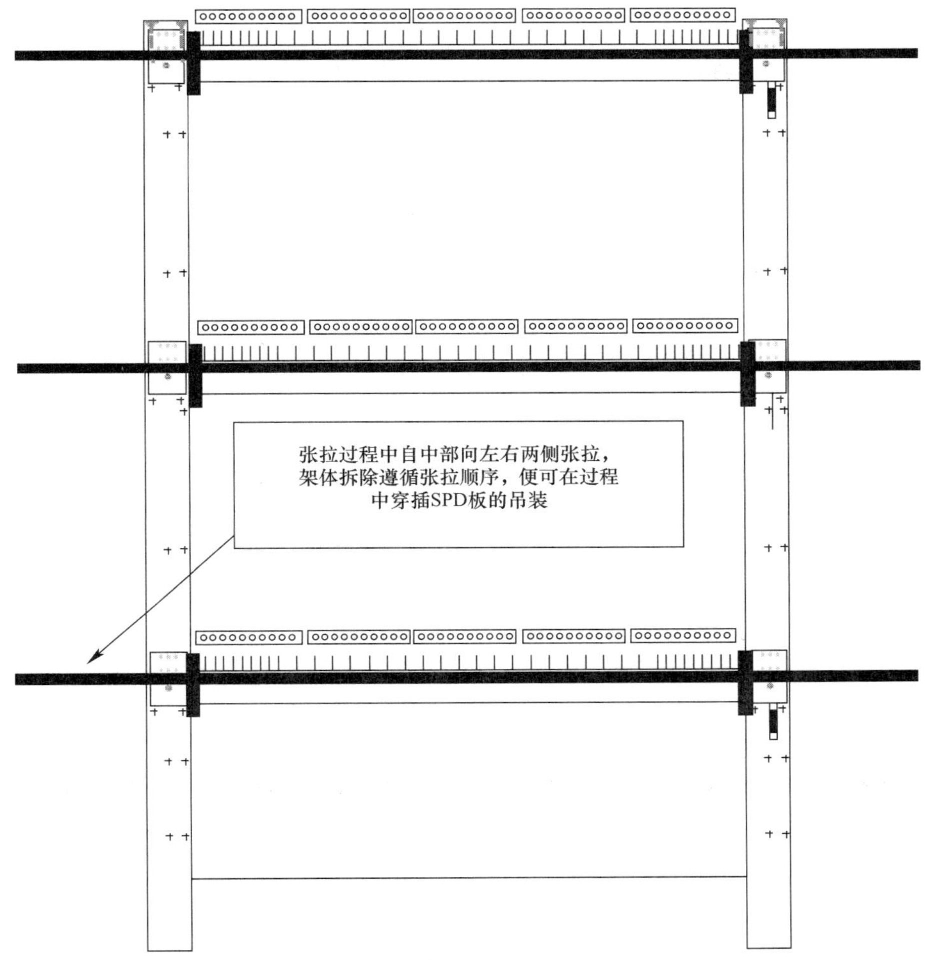

图 2-8 第三阶段工况示意图

的梁柱接头封仓注浆和预应力穿筋张拉工序，待吊装三层 SPD 板时，穿插屋面层叠合梁的梁柱接头封仓注浆和预应力穿筋张拉工序。本做法有三个施工阶段。

第一阶段为二层叠合梁吊装过程中同步穿插二层的梁柱节点封仓和穿筋张拉阶段，详见图 2-9 第一阶段工况示意图。

第二阶段为三层和屋面层叠合梁吊装，过程中同步穿插三层的梁柱节点封仓和穿筋张拉阶段，详见图 2-10 第二阶段工况示意图。

第三阶段为三层 SPD 板吊装，过程中同步穿插屋面层的梁柱节点封仓和穿筋张拉阶段，详见图 2-11 第三阶段工况示意图。

此方法的主旨在于同步叠合梁和 SPD 板的吊装与梁柱接头和预应力张拉的施工，消除技术间歇。快速形成二层张拉和 SPD 板结构体系，可以为三层和屋面层的施工提供便利。并且可以提前穿插首层的砌体结构施工，有利于提前项目的整体工期。劣势

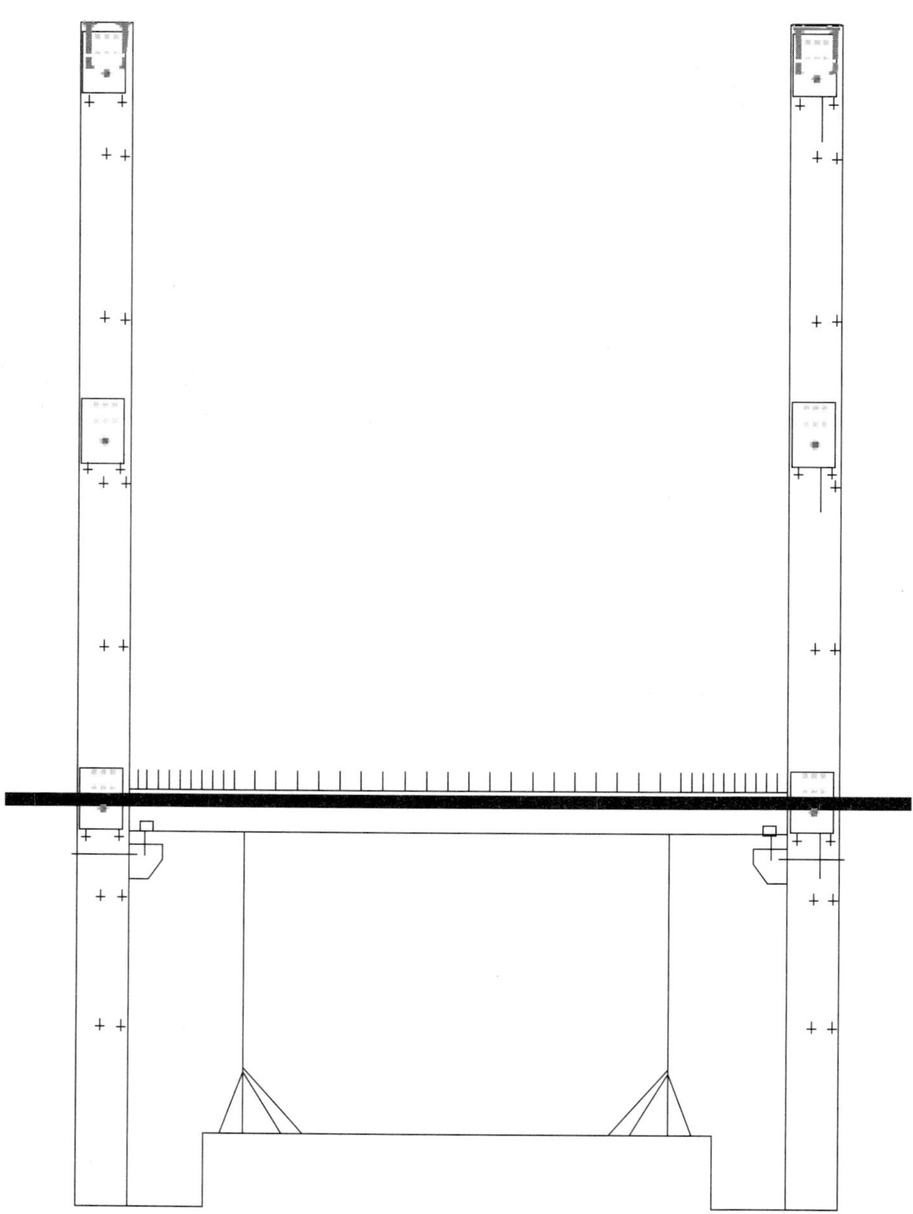

图 2-9　第一阶段工况示意图

在于依赖于有序的调度吊装班组、封仓灌浆班组和预应力张拉班组的作业，稍有滞后可能就会影响整个流程的实施效果；再者就是吊装难度较大，工人不易操作。

时间溢出分析：

由于每层工序均相同，仅需考虑单层的技术间歇即可。

第一阶段：梁柱接头封仓到灌浆达到张拉条件的时间为 14h，单跨预应力穿筋张拉时间为 2h，故时间溢出 18h；

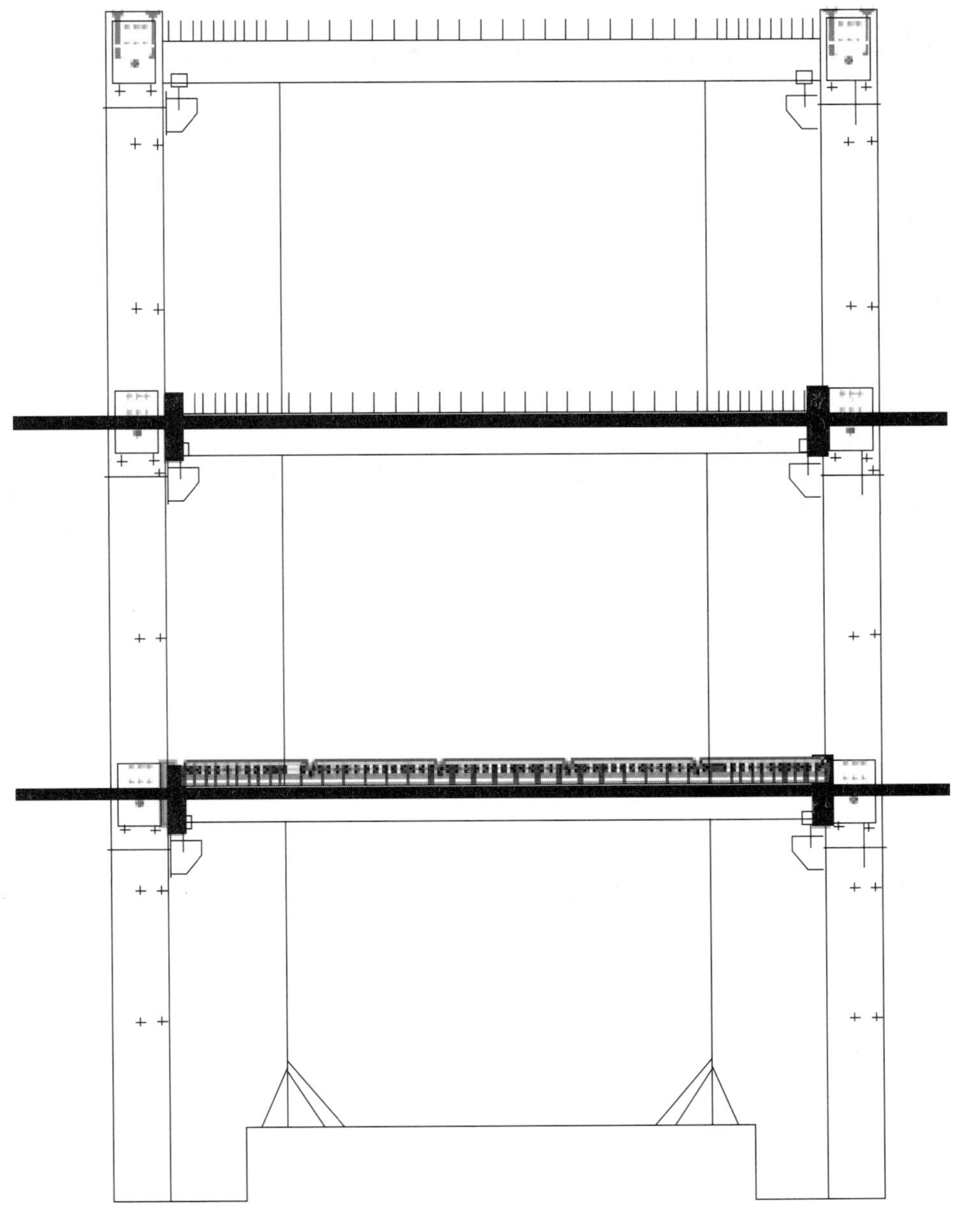

图 2-10 第二阶段工况示意图

第二阶段：单层梁柱接头封仓到灌浆达到张拉条件的时间为 14h，单跨预应力穿筋张拉时间为 2h，两层叠合梁吊装时间为 16h，故时间溢出 2h；

第三阶段：单层 SPD 板共 70 块，SPD 板的吊装时间为 10min/块，2 台汽车吊单层 SPD 板的吊装时间共 6h，梁柱接头封仓到灌浆达到张拉条件的时间为 14h，两跨预应力穿筋张拉的时间为 4h，故时间溢出 12h。

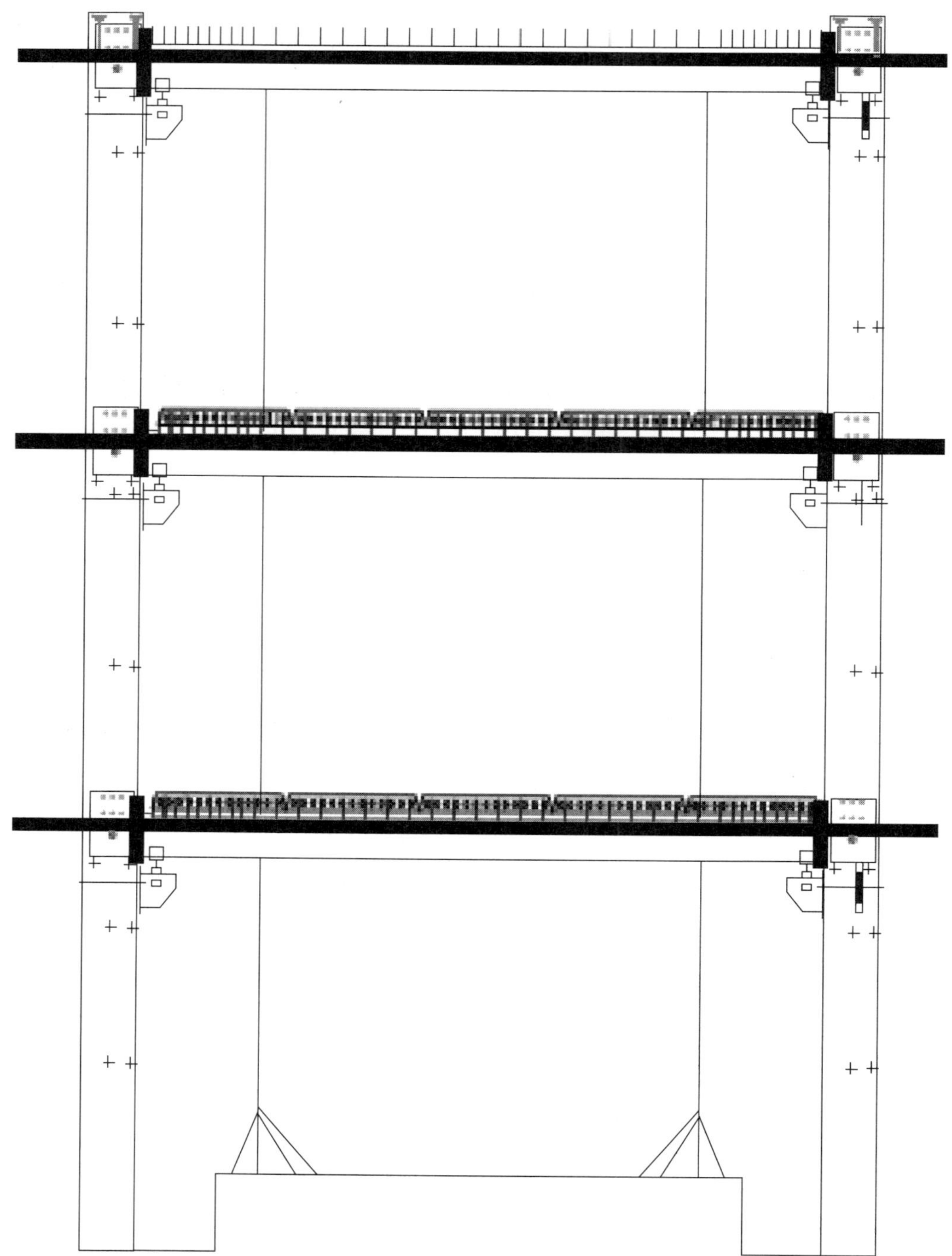

图 2-11　第三阶段工况示意图

综上所述，采用第③种吊装方法，技术间歇时间溢出 32h。

对比①、②、③种吊装顺序，第③种吊装顺序的技术间歇时间消耗最短，故最终选用第③种吊装方法。

2.6.2 三层通高预制柱施工技术

1. 施工工艺流程（图 2-12）

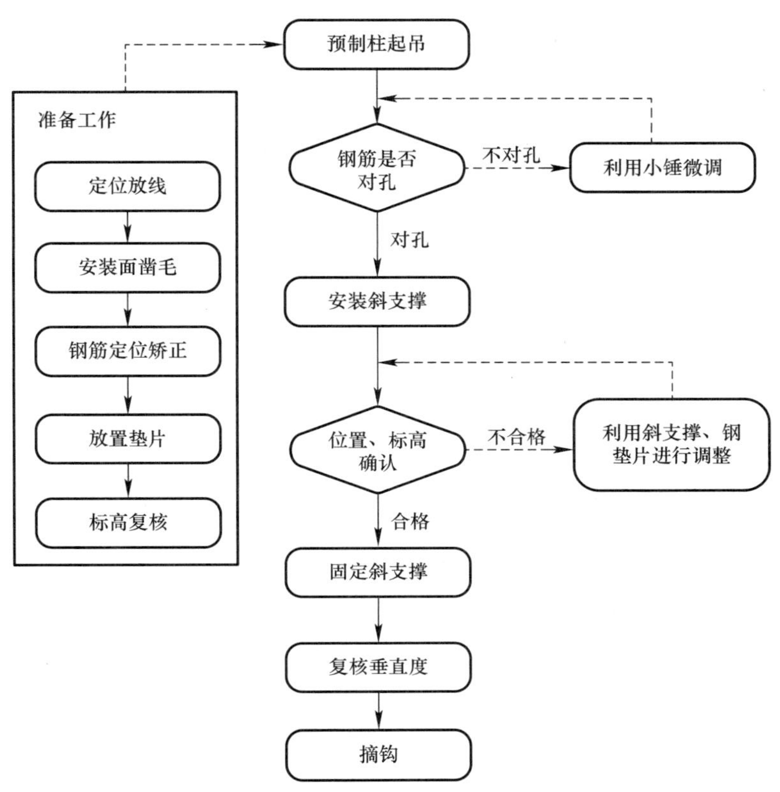

图 2-12 施工工艺流程图

2. 超高竖向构件翻身起吊技术

为了避免预制柱的多次对接，将三层柱子进行通高预制，方便预制柱一次吊装成型。而近 12m 长的预制柱由于其长度过长，只能水平运输进场和堆放。

针对超高预制柱起吊，由于其长细比过大，如采用单侧直接起吊，可能会造成构件中部开裂甚至断裂的情况。

故在深化设计阶段，在预制柱一侧预留 4 个吊钉，方便其水平转运和构件翻身受力，柱顶另设置 4 个吊钉以供其水平吊运。同时结合吊车对预制柱大小勾配合翻身的特点，对构件的平面布置堆放进行严格控制，避免在构件大小勾起升阶段扭动过大而造成的安全隐患，确保其平稳、快速、安全的空中翻身和水平吊运，详见图 2-13 超高预制柱翻转起吊。

同时此种超高预制柱在使用吊车大小勾空中翻转起吊时，需要注意构件与吊车的平面位置关系，必须保证构件与吊车大臂的投影方向保持重叠，若其之间产生了夹角，

图 2-13　超高预制柱翻转起吊

则会在起钩的瞬间构件产生大幅度的扭动，夹角越大其扭动的幅度越大，此处将会产生较大的安全隐患，故其平面布置需极其注意，详见图 2-14 超高预制柱吊装平面布置图。

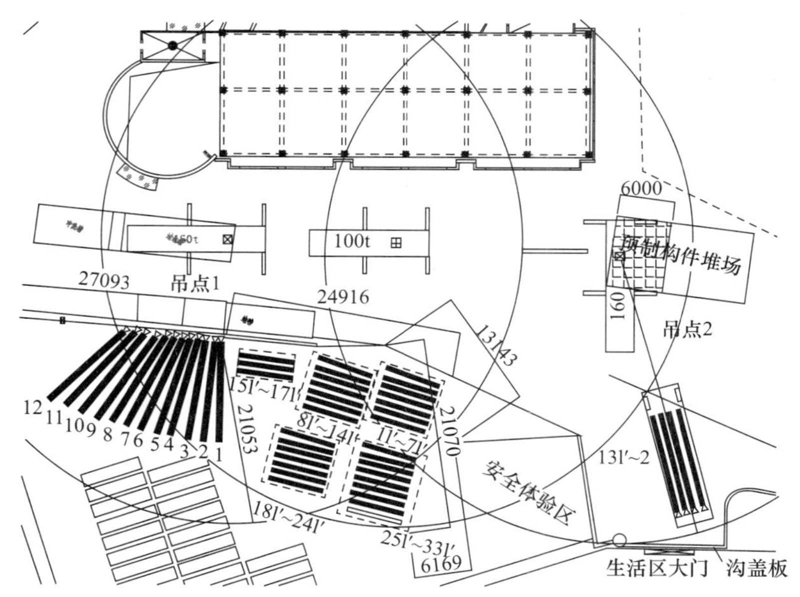

图 2-14　超高预制柱吊装平面布置图

3. 超高竖向构件支撑体系研究及应用

结合其构件的特殊性和竖向构件的常规支撑方法，使用两种临时支撑装置，分别为常规防倾覆斜支撑和柱底紧固支撑。

（1）超高竖向构件常规防倾覆斜支撑

超高预制柱在落位到固定的过程中，先安装防倾覆的临时斜支撑，由于 PPEFF 结构体系采用高效施工方式进行施工，无法满足常规要求中的“斜支撑需要安装固定于构件高度 2/3 处”的要求，此处的支撑位置仅在构件的 1/3 高度处，故此处需要进行精密的受力计算，确保其安全稳定性，详见图 2-15 超高预制柱吊常规防倾覆斜支撑。

图 2-15 超高预制柱吊常规防倾覆斜支撑

（2）超高竖向构底部底紧固支撑

超高预制柱在落位到固定的过程中，先安装防倾覆的临时斜支撑，待其水平定位和标高调整完毕后，使用柱底紧固支撑加强竖向构件底部的稳定性，再去调节构件的垂直度，其原因为：因为构件为超高构件，在调节其垂直度过程中需用到斜支撑，由于其吊装顺序要求斜支撑紧固在构件的高度不高，如柱底无紧固支撑，可能会造成其水平位置出现较大幅度偏移。柱底紧固支撑可采用钢管＋木枋＋顶托或七字码，详见图 2-16 超高竖向构件底部紧固支撑。

图 2-16 超高竖向构件底部紧固支撑

4. 超高竖向构件吊装质量控制技术

超高竖向构件的吊装质量控制要点与传统的竖向构件质量控制要点相同，均为标高、水平定位和垂直度的控制，基本方法如下：

（1）标高的控制：提前测量落位点标高，最好也能测量出构件的实际长度，通过放置垫片去控制标高。

（2）水平定位控制：最关键的一点是控制预留钢筋的定位，构件的吊装定位线和控制线仅起辅助作用。最好是谁吊装谁做基础或现浇层与装配层首层交界处。

（3）垂直度的控制：预制柱支撑体系安装完毕后，通过靠尺和经纬仪测量柱子的垂直度，如有偏差，通过斜支撑进行调节。待预制柱顶端的垂直度控制在允许范围内以后，紧固斜支撑。

针对以上3项，其中垂直度的控制为超高竖向构件的质量控制难点。如为普通的吊装流向，斜支撑固定于构件高度的2/3处，构件的垂直度调节难度将会相对减小，但为了确保高效施工的吊装流向，除了上文介绍的构件底部紧固支撑的设置以外，在构件落位之前确保垫片的底部接触面的平整，则可以方便预制构件垂直度的快速调节，详见图2-17超高竖向构件落位点垫片图。

图2-17 超高竖向构件落位点垫片

2.6.3 PPEFF体系预应力叠合梁吊装施工技术

1. PPEFF体系预应力叠合梁吊装施工流程（图2-18）

PPEFF体系的预应力叠合梁的吊装工艺基本流程与传统的预制叠合梁的吊装工艺大体相同，但是由于PPEFF体系高效施工的吊装流向和关键连接节点为预应力张拉的两点要求，故其吊装过程中的支撑体系和质量的关键点与传统的有所区别。

2. 预应力叠合梁的支撑体系研究及应用

预应力叠合梁的支撑体系是整个施工过程中的关键点之一，分别为钢牛腿和三角独立支撑。该支撑体系充分发挥了 PPEFF 体系的结构优势，不仅优化了其吊装顺序，同时梁底的支撑早拆也方便了砌体工程的提前穿插，加快了整体施工工期。

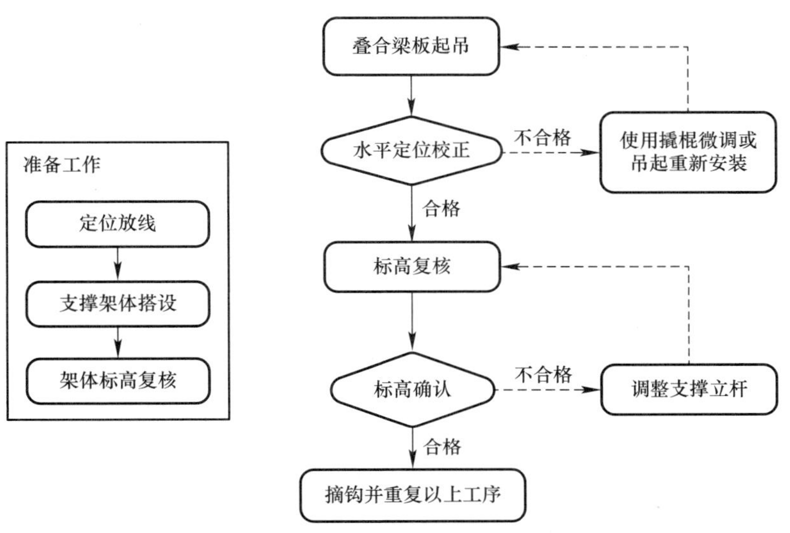

图 2-18 超高竖向预制柱吊装工艺流程图

整个钢牛腿分为 3 个部分：固定受力部分、构造连接部分、支撑部分。

固定部分为⑩号 M18 丝杆配合垫片螺母对整个钢牛腿进行固定；①、②、③、④钢板焊接组合成整个钢牛腿的构造连接部分，使叠合梁的力传递至固定受力部分上；⑤、⑥、⑦、⑨丝杆、小钢板和螺母垫片组合成钢牛腿的支撑部分，负责支撑叠合梁，侧边⑪号配合小钢板为侧向防倾覆挡板。详见图 2-19～图 2-23。

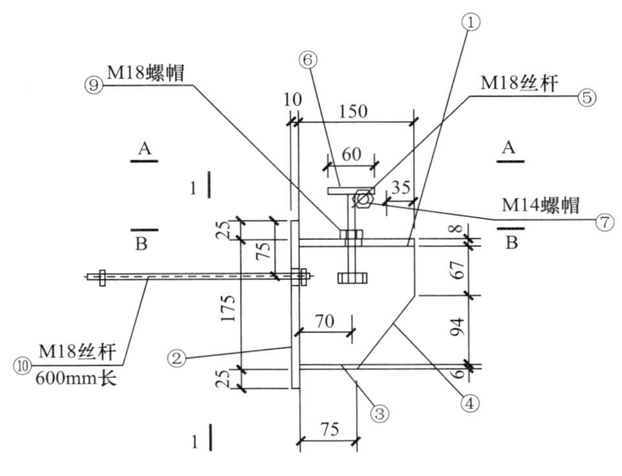

图 2-19 钢牛腿详图一

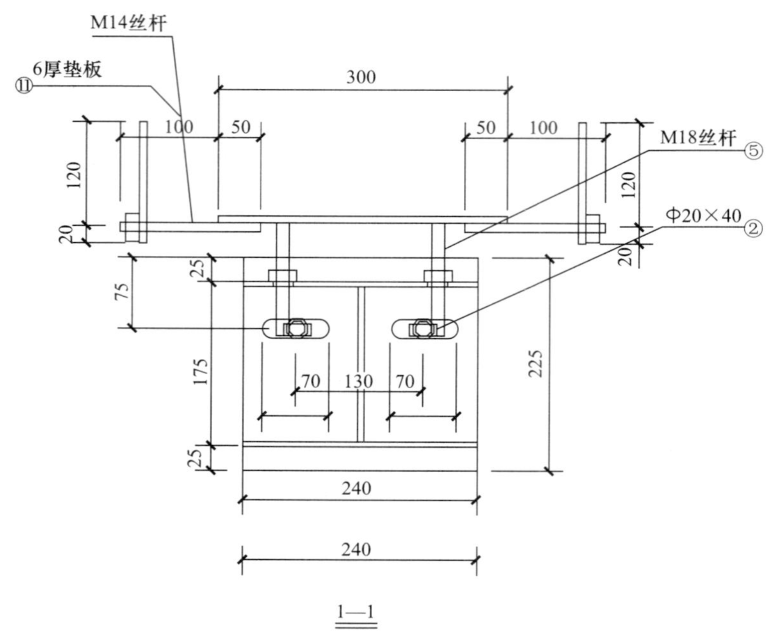

图 2-20　钢牛腿详图二

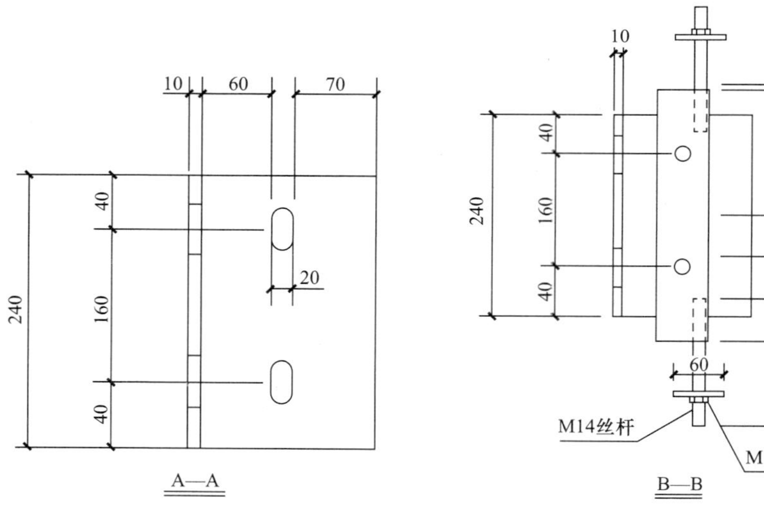

图 2-21　钢牛腿详图三

图 2-22　钢牛腿详图四

钢牛腿支撑作为预应力叠合梁的主要受力构件，在叠合梁吊装前提前在预制柱上安装完成，并且通过实际位置调节钢牛腿的支撑板标高及其平整度，工具化的辅助器具，操作更加快捷。三角独立支撑为临时支撑体系，其主要作用为防止预应力张拉过程叠合梁出现下挠的情况，详见图 2-24 三角独立支撑应用图。

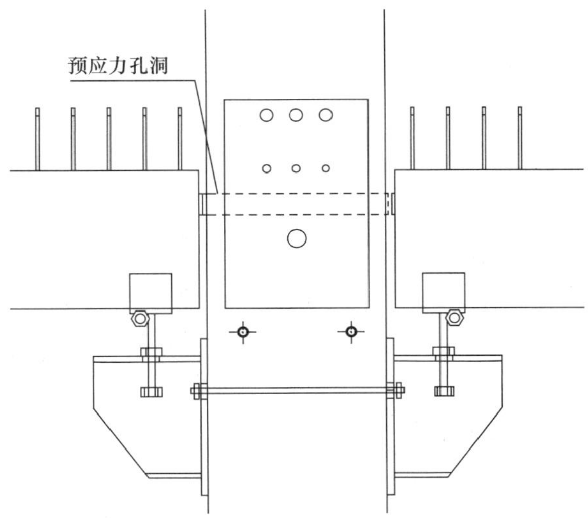

图 2-23 钢牛腿详图五

图 2-24 三角独立支撑应用

3. 预应力叠合梁吊装质量控制技术

预应力叠合梁的标高和水平定位控制为整个体系的质量及安全控制核心内容。其基本做法主要分为两步：提前在预制柱上安装钢牛腿，通过构件尺寸反出叠合梁的底标高，调节钢牛腿的竖向定位；叠合梁就位后，使用水准仪再次复核叠合梁标高进行调节。

除以上常规操作以外，预应力叠合梁的吊装控制的核心要点为：预留的预应力孔道对孔。若单纯通过设计标高及定位去控制构件吊装质量，构件生产和吊装的累积误差可能会导致预应力孔道无法正常对孔，造成的后果轻则难以正常穿筋，重则在张拉过程中出现严重偏移，导致预应力在张拉过程中将梁柱接头的灌浆封堵拉裂甚至梁柱整体出现位移。故如何有效控制预应力孔道的完美对孔为预应力叠合梁吊装质量控制的关键。

叠合梁的水平定位不能按照常规的方法行定位，由于此结构体系通过预应力后张使梁柱形成整体，故需要通过预应力孔道的预留位置确定叠合梁的定位。

在吊装前提前在预制柱和叠合梁四周引出预应力孔道的水平和垂直定位线，吊装过程中通过复核预制柱和叠合梁的预应力孔道定位线去控制叠合梁的水平定位以及标高（图 2-25）。

图 2-25　叠合梁吊装落位

在预应力叠合梁的整个吊装过程中，如果因构件尺寸误差导致无法同时确保预应力孔道的对孔和结构尺寸的完美定位以及构件垂直度的要求，此时需要对三点进行取舍，其顺序为预应力孔道对孔＞结构尺寸完美定位＞构件垂直度。

4. 预制柱与预应力叠合梁间预留缝隙封仓施工技术

PPEFF 结构体系的核心工序为预应力张拉，预应力张拉的必要前置条件为梁柱接头处的封仓、灌浆，并达到强度要求，而梁柱接头处缝隙的封堵则为 PPEFF 体系的难点所在，若此处内衬封堵不牢靠，很有可能导致在接头处灌浆工序中造成浆料流入预应力孔道内，从而导致孔道堵塞，造成难以挽回的状况。

单跨穿筋完毕后，立刻穿插梁柱接头封仓灌浆的工序。

原设计考虑预留出波纹管，直接在接头两侧缠绕胶带即可。但预留波纹管的方式不方便叠合梁的吊装，故在构件出厂后将其全部清理，代替方式为：采用提前固定圆环胶垫作为内衬，吊装后调整叠合梁定位以确保胶圈与柱侧面的紧密程度，然后以胶圈为内衬，打入发泡剂，再缠绕胶带，使内衬四周呈饱和态，最后封仓灌浆即可，详见图 2-26～图 2-29。

图 2-26 内衬提前固定安装

图 2-27 打发泡剂填缝

图 2-28 外围缠绕胶带压缩发泡剂并绑紧

图 2-29　封仓料三面封仓

待三面封仓达到设计强度要求后，现场实测缝隙内尺寸，估算处梁柱接头处灌浆的浆体方量，根据估算数据进行灌浆过程中的方量控制，若实际灌浆量严重超出估算指标，则表明内侧封仓不严密并出现漏浆的状况，此时需立即凿除封仓区域，及时将钢绞线抽出，将对应跨度的叠合梁吊出，使用清水配合毛刷快速清理对应的梁柱端头预应力孔道，避免灌浆料凝固。

现场实操结果显示，应用上述方法进行的梁柱接头处缝隙封仓灌浆，灌浆的实际用量与估算量基本吻合，并未出现失误和质量、安全问题，可以进行推广应用。

2.6.4　PPEFF 体系抗震墙吊装施工技术

PPEFF 体系内的抗震墙，作为该体系内的关键抗震构件，其吊装难度在整个吊装施工过程中较为突出。因抗震墙的位置位于结构边预应力框架梁正下方，且抗震墙需要落于现浇叠合层上方。若该体系不考虑快速建造，逐层施工，抗震墙的吊装工艺与传统预制墙体的吊装工艺并无区别，但此种施工做法未能发挥出该结构体系的核心特点，达到快速施工的要求，详见图 2-30 抗震墙平面定位图。

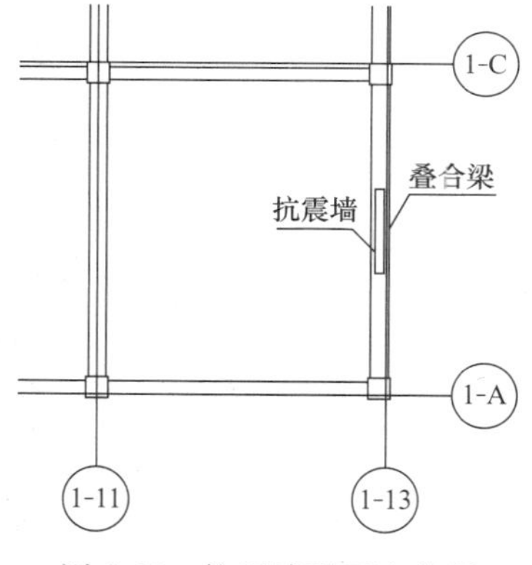

图 2-30　抗震墙平面定位图

我们通过分析其整体吊装流程，首层和二层的抗震墙分别可以在吊装二层和三层叠合梁前吊装完毕，三层抗震墙吊装时屋面叠合梁已经张拉完成，且屋面 SPD 板已经吊装完成，因抗震墙的上部被叠合梁和 SPD 阻挡，无法采用常规的吊装工艺进行吊装。

课题组原先考虑使用叉车上楼板，楼板底部回顶加固，并配合定制的吊具进行抗震墙的吊装。此方法虽然直接，但消耗较大，且需要搭设回顶以及叉车吊运平台，耗时较长，且存在安全隐患。后续课题组考虑使用定制滑轨的方式进行抗震墙的吊装，但在询价过程中发现投入成本太大，且此滑轨只能用于第三层抗震墙的吊装。

最后在试吊过程中受到超长预制柱大小勾进行空中翻转的工艺启发，研究出使用吊车大小勾配合抗震墙的吊装。抗震墙起吊分为 3 个阶段：

（1）从堆场内挂钩起吊，将抗震墙吊运至落位点处，临时放置于落位点边缘；

（2）将小钩放下，此时大钩的投影位置位于结构外边缘，小钩的投影位置位于结构的内边缘，将钢丝绳一端固定于抗震墙的内立面吊环上，钢丝绳另一端通过提前在 SPD 板上的开洞挂于吊车的小钩上；

（3）大钩起吊，使抗震墙整体高于预留插筋即可，再通过起升小钩将抗震墙往内侧牵引，通过调节大小钩确保抗震墙的平衡，最后使用平面镜观察预留插筋对孔落位即可。

具体施工工艺流程详见图 2-31 抗震墙吊装工艺流程图。

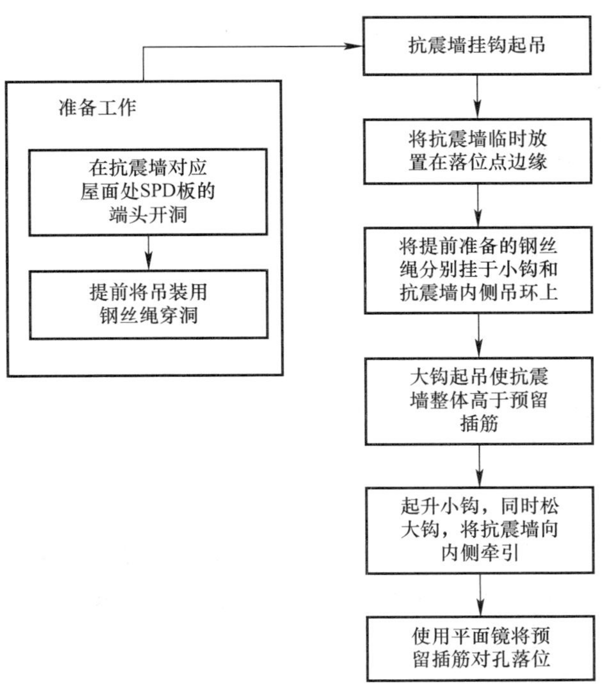

图 2-31　抗震墙吊装工艺流程图

使用吊车大小钩配合抗震墙的吊装，可以较快地完成抗震墙的吊装，且整个吊装工艺流程简单明了，工人可操作性较强。在实际应用过程中抗震墙的吊装时间可以控制在 40min 左右。详见图 2-32 抗震墙吊装。

图 2-32　抗震墙吊装

2.7　施工保障措施

2.7.1　质量控制措施

1. 构件安装与连接验收

（1）主控项目

1）预制构件与结构之间的连接应符合设计要求。

检查数量：全数检查。

检验方法：观察，检查施工记录。

2）承受内力的接头和拼缝，当其混凝土强度未达到设计要求时，不得吊装上一层结构构件。已安装完毕的装配式结构，应在混凝土强度达到设计要求后，方可承受全部设计荷载。

检查数量：全数检查。

检验方法：检查施工记录及试件强度试验报告。

（2）一般项目

装配式结构安装完毕后，尺寸偏差应符合表 2-2 要求。

检查数量：按楼层、结构缝或施工段划分检验批。在同一检验批内，对梁、柱，应抽查构件数量的 10%，且不少于 3 件；对墙和板，应按有代表性的自然间抽查 10%，且不少于 3 间；对大空间结构，墙可按相邻轴线间高度 5m 左右划分检查面，板可按纵、横轴线划分检查面，抽查 10%，且均不少于 3 面。

尺寸偏差控制及检验方法 **表 2-2**

项目			允许偏差（mm）	检验方法
构件轴线位置	竖向构件（柱、墙板、桁架）		8	经纬仪及尺量
	水平构件（梁、楼板）		5	
标高	梁、柱、墙板、楼板底面或顶面		±5	水准仪或拉线、尺量
构件垂直度	柱、墙板安装后高度	≤6m	5	经纬仪或吊线、尺量
		>6m	10	
构件倾斜度	梁、桁架		5	经纬仪或吊线、尺量
相邻构件平整度	板端面		5	2m 靠尺和塞尺量测
	梁、楼板底面	外露	3	
		不外露	5	
	柱、墙板	外露	5	
		不外露	8	
构件搁置长度	梁、板		±10	尺量
支座、支垫中心位置	板、梁、柱、墙板、桁架		10	尺量
墙板接缝宽度			±5	尺量

2. 构件安装质量控制措施

在预制构件吊装过程中，标高控制和平面定位是重点。

（1）要求构件厂家在预制构件生产过程中即弹出竖向构件标高控制线，现场安装过程中通过调整构件标高，使得控制线与激光扫平仪射出光线重合来控制构件标高。

（2）通过在构件底部放置垫块来调整构件标高，垫块包括有 2mm、3mm、5mm 等多种规格，叠合厚度不应大于 20mm。

（3）竖向安装完成后，应使用靠尺检测其安装垂直度，并通过斜支撑进行调整。

3. 构件连接质量控制措施

（1）使用套筒连接的构件在吊装前，应将构件底部与楼板结合面按要求凿毛，并清理干净浮浆等杂物。矫正套筒插筋定位，确保构件对孔安装顺利。

（2）严格按要求控制构件标高，构件底部注浆缝不得>20mm，注浆料拌制及使用方法应符合《注浆施工方案》要求。

（3）需要后浇混凝土进行连接的构件，其粘接面需设置为粗糙面，确保新老混凝土交接密实。

（4）预制构件伸出的钢筋若在安装过程中磕碰，应将钢筋调整到设计位置，确保钢筋在现浇节点内的锚固长度。

2.7.2　安全文明施工控制措施

1. 一般措施（表 2-3）

安全文明施工控制一般措施　　表 2-3

序号	内容
1	吊装施工前召开全体吊装人员安全专题会议，根据吊装方案明确责任，具体责任到各人员，统一指挥、统一协调
2	对各工种人员进行针对性的安全教育、安全交底使各施工人员熟知本工程的操作规程和吊装安全要求及职责
3	吊装前对吊装设备的保险、限位、钢丝绳等进行系统的检查，确保在良好状态下进行作业，对使用的吊梁、吊具、吊钩进行检查（重点检查各用具是否匹配吊装重量）
4	对现场用电进行排查，塔式起重机用电开关箱、电缆等保持良好，无隐患
5	现场设置吊装区域（楼上、楼下），吊装区域设置警戒线，由项目安全员旁站监督，禁止任何人员逗留、通行
6	检查楼上楼下信号工通信设施，确保通信设施完好无故障。吊装人员在高处作业应佩戴安全带，安全带高挂低用，系扣在牢固的位置
7	吊装时应先垂直缓慢起吊，确保安全后再平稳吊运至安装面，过程中严禁同时进行跑车和旋转
8	现场杜绝“违章指挥”“违章操作”，塔式起重机信号工严格执行“十不吊”
9	每天吊装完成后，由专职人员对塔式起重机及吊具、临时用电等进行检查，确保安全，并将吊具放在规定区域进行存放

2. 专项措施（表 2-4）

安全文明施工控制专项措施　　表 2-4

序号	内容
1	构件吊装前应捆绑缆风绳，方便安装人员调整构件下落定位。所有人员撤离至 5m 范围以外方可起吊，构件吊装路线范围下方严禁人员穿越。吊装时项目安全员应旁站监督
2	构件吊装时，应垂直起吊，然后水平吊运至楼层指定位置上空，随后缓慢下降，待其降落至距地面 0.5m 时，由吊装工人手扶构件缓缓降落进行安装
3	预制构件挂钩起吊时，挂钩人员不得攀爬堆放架，需采用专用操作架进行作业
4	预制构件对孔安装时，应使用小榔头对钢筋进行微调，严禁用手调试，以免夹伤手指
5	采用钢吊梁吊装的构件，根据构件吊点布置合理调整钢梁上的吊点，确保构件吊运过程中保持竖直
6	预制楼梯严格使用“两长两短”四根钢丝绳进行吊装
7	定期检查吊扣、吊梁等吊具的使用情况，发现开裂等问题应立即更换

2.7.3　工期进度保障措施

1. 影响工期因素分析

从产生的根源来看，影响本工程进度的因素主要有：

（1）预制构件生产、供应不及时；

（2）吊装施工所需材料、构配件准备不齐全；

（3）现场劳动力经验不足，组织不到位，构件吊装进度慢；

（4）施工方法不合理，吊装效率低。

从上述因素影响工程进度的程度看，施工部署的合理性、施工技术的先进性、劳动力配备的稳定性等是本工程进度目标能否实现的重要因素；单位内部的材料设备保障能力、总包单位的协调能力、设计图纸问题的解决能力及雨期、夜间施工等是本工程进度目标能否实现的次要因素。

针对上述重要因素、次要因素，事先制定预防措施，事中采取有效控制，实现对进度主动控制和动态控制的目的。

2. 工期保证控制流程（图 2-33）

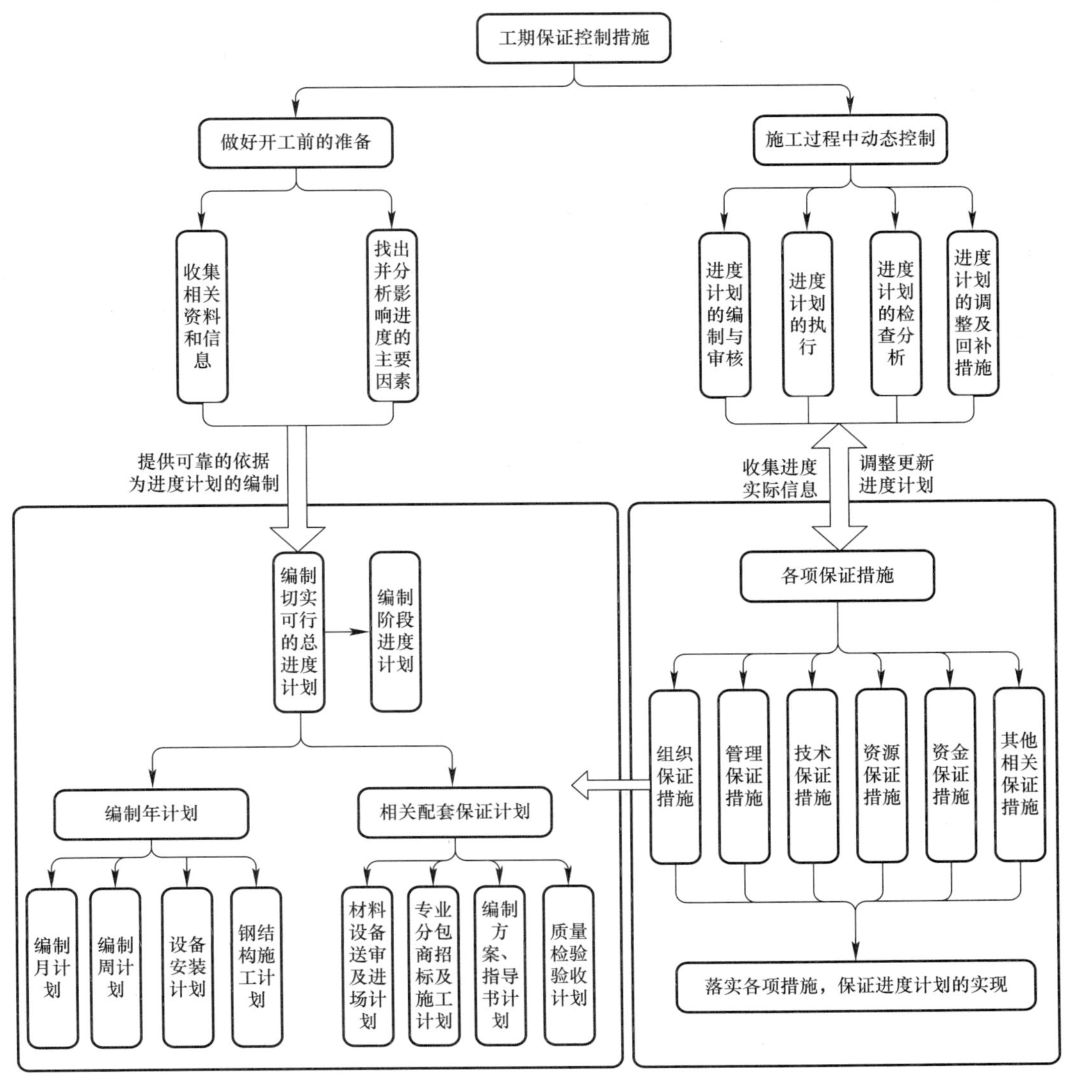

图 2-33　工期保证控制流程图

3. 工期保证措施

（1）施工部署合理性对工期的保证措施

1）本工程构件种类及数量多，构件厂距离项目较远。构件厂需根据项目总进度计划，安排构件的生产计划，确保构件生产进度与现场施工进度相匹配。根据现场施工需要按编号进行构件堆放与运输，同时要配备足够的车辆及人力资源，保证构件运输及时性。

2）构件到场后，车辆需移动至指定位置，配合吊车施工。根据构件吊装顺序，构件厂需提前策划构件装车顺序，保证构件能够按照施工部署的顺序进行吊装。

3）现场构件堆放、机械站位、人员组织等需严格按照方案进行，保证现场施工流水的高效、有序。

4）采取措施提高灌浆料性能，使其技术间歇时间缩短至 10h 以内，所有技术间歇时间均调整至夜间休息时间，避免影响总工期。

（2）施工技术先进性对工期的保证措施（表 2-5）

工期保证措施 表 2-5

序号	内容	说明		
1	编制针对性强的施工方案	本工程将按照现场实际施工情况，制定详细的、针对性和可操作性强的施工方案，采用技术先进合理可行的施工方法，对操作复杂的分项工程编制专项作业指导书，实行三级技术交底，从而实现项目管理层和操作层对施工工艺、质量标准的熟悉和掌握，使工程有条不紊的按期保质完成		
2	采用先进施工技术	先进施工技术措施的合理运用为工期实现提供最直接的根本保障。充分发挥在以往装配式项目施工中积累的丰富经验和技术优势，做好详尽的技术准备工作，确保技术先行		
3	合理设计与应用高效施工工装件	梁快速就位工装件	正视图 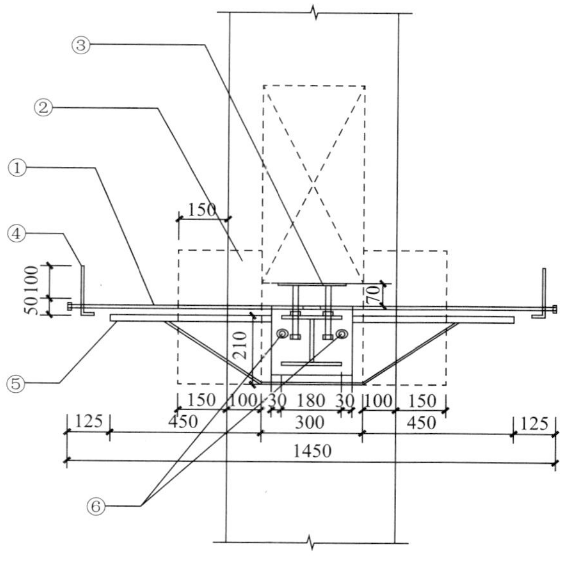	③ ② ① ④ ⑤ ⑥ 150 50 100 70 210 150 100 30 180 30 100 150 125 450 300 450 125 1450

续表

<table>
<tr><th>序号</th><th>内容</th><th colspan="3">说明</th></tr>
<tr><td rowspan="3">3</td><td rowspan="3">合理设计与应用高效施工工装件</td><td>梁快速就位工装件</td><td>侧视图</td><td> 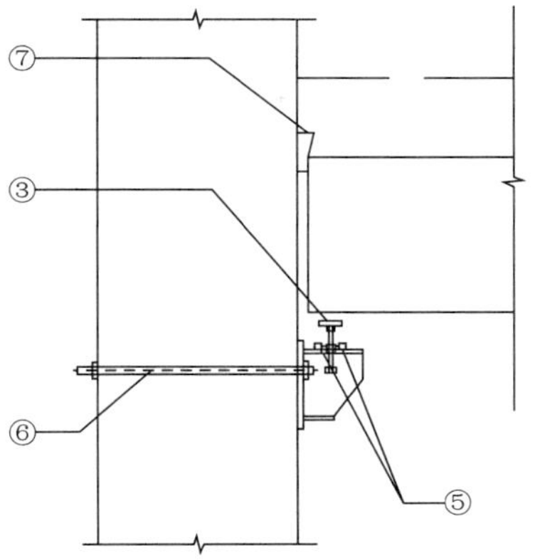⑦
③
⑥
⑤</td></tr>
<tr><td colspan="2">操作说明</td><td>1-梁就位螺杆；2-梁就位引导板；3-水平调节板；4-梁推进板；5-梁就位导杆；6-固定螺杆；7-钢楔。
(1) 用对拉螺杆 6 将工装固定在预制柱上，将两个螺杆螺帽依次初拧和终拧，不得一次拧紧到位。
(2) 用螺栓将 2 梁就位引导板安装就位。
(3) 通过螺杆，调整 3 水平调节板水平高度，保证工装基本平整。
(4) 用水准仪或全站仪等测量工装标高，调整 3 水平调节板底部螺杆，确保调节板水平和标高。
(5) 根据构件起吊要求，将梁吊装至安装区域，通过 2 梁就位引导板，将预制构件引至调整区域，进行梁预就位。
(6) 通过电动手枪钻调整 1 梁就位螺杆，将预制梁精确调整至安装工位上方，并搁置至 3 水平调节板上。
(7) 复核构件的水平定位和竖向标高；通过水平调节螺杆和竖向调节螺杆，对预制梁进行微调。
(8) 用 7 钢楔将预制梁卡紧就位</td></tr>
<tr><td>柱脚接缝灌浆封堵工装件</td><td>节点做法</td><td> 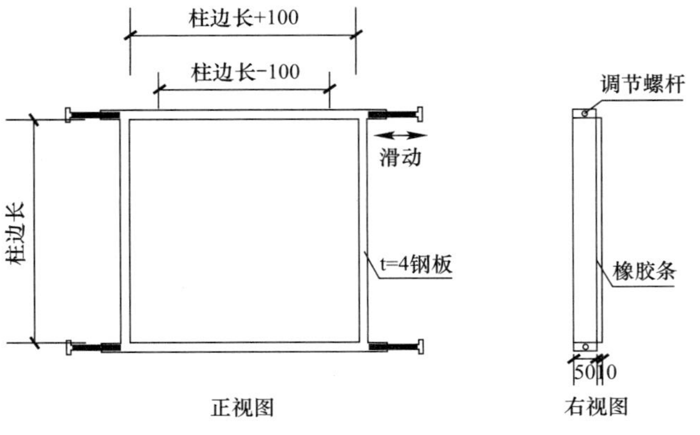柱边长+100
柱边长-100
柱边长
滑动
t=4钢板
调节螺杆
橡胶条
50 10
正视图
右视图
柱脚节点封堵工装件</td></tr>
</table>

续表

<table>
<tr><th>序号</th><th>内容</th><th colspan="3">说明</th></tr>
<tr><td rowspan="2">3</td><td rowspan="2">合理设计与应用高效施工工装件</td><td>柱脚接缝灌浆封堵工装件</td><td>操作说明</td><td>(1) 实测柱实际尺寸，选择长度尺寸合适的钢板（图中竖直方向的固定钢板，考虑误差大小分别做标准尺寸、标准尺寸－5mm，标准尺寸＋5mm 等备用件），将 4 块钢板分别置于柱 4 边；
(2) 将竖向钢板卡入水平体系滑槽内，调节竖向钢板同水平体系的关系，使工装件的 4 个部分均平行于构件，并使各部分相互垂直，该阶段工况如下： 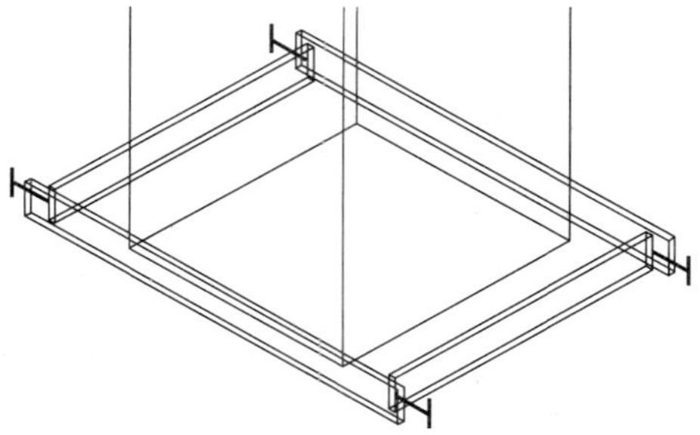
同时调节一侧的两个紧固螺栓，使竖直方向钢板缓缓贴近构件表面，调节垂直高度，完成紧固，该阶段工况如下图所示： 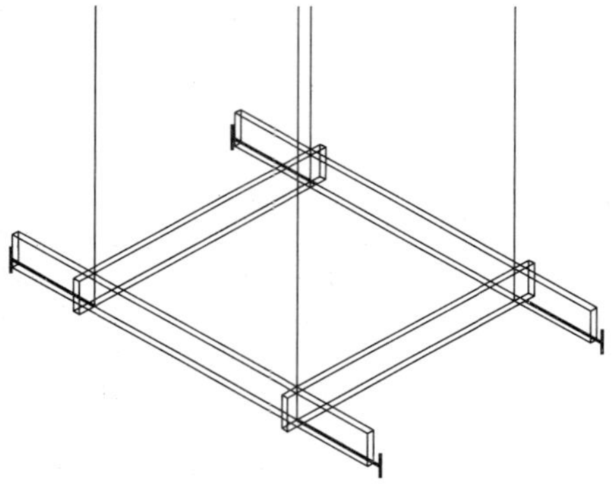</td></tr>
<tr><td>梁柱节点灌浆封堵工装件</td><td>节点做法</td><td> 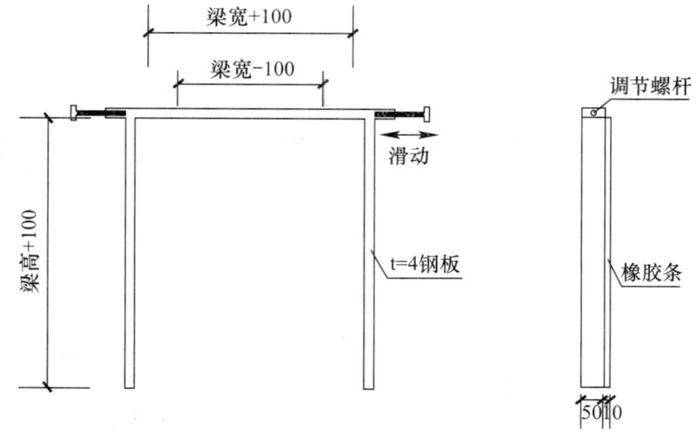梁宽+100
梁宽-100
调节螺杆
滑动
梁高+100
t=4钢板
橡胶条
50 10
左视图　　正视图
梁柱节点封堵工装件</td></tr>
</table>

续表

<table>
<tr><th>序号</th><th>内容</th><th colspan="3">说明</th></tr>
<tr><td>3</td><td>合理设计与应用高效施工工装件</td><td>梁柱节点灌浆封堵工装件</td><td>操作说明</td><td>（1）将水平杆件置于梁柱节点处梁下方，将两块竖直钢板卡入水平体系滑槽内，将工装件组装完成，该阶段工况如下图所示： 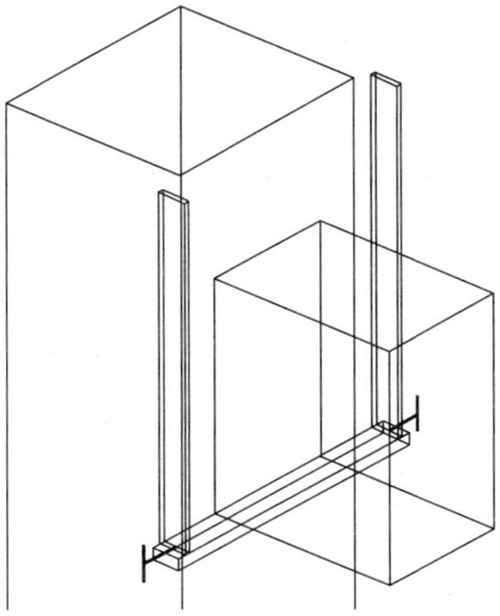
（2）调节一侧的紧固螺栓，使竖直方向钢板缓缓贴近构件表面，完成紧固，工装件下部与牛腿直接打入木楔固定，该阶段工况如下图所示： 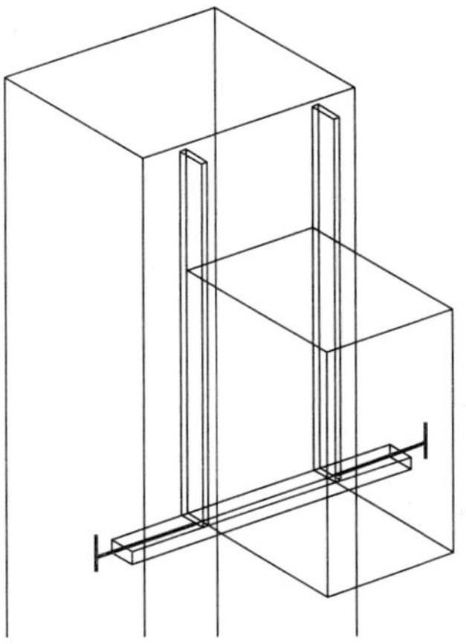</td></tr>
</table>

（3）劳动力配备稳定性对工期的保证措施（表 2-6）

工期保证措施 **表 2-6**

序号	内容	说明
1	劳动力保证	充分利用已有的劳务资源，根据部署要求配置足够的劳动力，并提前进行吊装技术培训及施工方案交底，确保作业效率满足要求
2	劳务队伍的稳定	针对工期紧张的实际情况，组织劳务公司采取加班加点的措施进行抢工

第 3 章　装配式框架施工体系

3.1　装配式混凝土结构设计概况

预制构件有：预制柱、预制外墙、预制内墙、PCF 板、叠合梁、叠合板、预制预应力板、预制阳台、预制空调板、预制楼梯、预制女儿墙（表 3-1）。

预制构件种类及连接方式　　**表 3-1**

构件种类	构件名称	构件编号	数量	连接方式	使用部位
墙	三明治外墙			灌浆套筒	
	内墙			浆锚	
	PCF 墙			后浇	
柱	框架柱			灌浆套筒	
	框架柱			焊接	
梁	框架梁			后浇	
	框架梁			焊接	
板	楼梯板			后浇	
	叠合板			后浇	
	预应力板			搁置	
	双 T 板			搁置	
其他构件	预制阳台			后浇	
	预制空调板			后浇	
……					

3.2　重难点分析

重难点分析及解决办法见表 3-2。

重难点分析及解决办法　　**表 3-2**

序号	工程重点	重点分析	解决办法
1	PC 构件的生产与运输	装配式工程施工必须严格按计划进行，构件的安装顺序及供货时间对工程影响巨大，且预制柱、梁构件体积大，运输效率低，如何确保构件生产、运输的时效是工程的重点	1. 施工准备阶段就要与构件厂协同工作，制定明确的生产计划； 2. 在施工前制定好预制构件供应计划； 3. 若出现特殊情况，如单个流水段施工进度提前或滞后等，及时与供应单位进行沟通，确保 PC 构件的生产量能够满足现场实际施工需要； 4. 保证现场施工道路的畅通，避免运输车辆对施工道路造成破坏； 5. 项目相关人员应监督构件生产工作

续表

序号	工程重点	重点分析	解决办法
2	构件存放	根据构件的安装顺序，确定构件存放位置。构件本身的受力形式决定了构件堆放的方式，不得随意堆放	1. 根据构件的受力形式，选择合适的堆放方式及存放支架； 2. 根据构件的安装顺序及场地情况，编制构件存放的方案； 3. 根据构件的外形及重量，设计构件堆放场地
3	预制柱、梁构件吊装安全	预制柱、梁构件重量大、体积大，对安装设备有很高要求	1. 根据构件类型，制定大型设备计划，同时为确保现场吊装安全，吊装设备需预留部分吊重； 2. 与设计、生产单位协调，决定大型垂直运输设备方案； 3. 施工前确定预制构件吊装施工方案，包括定位措施、支撑措施等； 4. 吊具的选择； 5. 吊装过程中的安全措施
4	施工工艺	预制柱、梁吊装完成后钢筋难以绑扎	将预制柱、梁部分钢筋在吊装前用钢丝绑扎在预留钢筋上，定位后松开钢丝，将钢筋定位即可
5	预留钢筋定位	现浇层与装配层首层交界处预留定位钢筋容易产生偏差	1. 精确的测量放线； 2. 使用定型化钢筋定位模具； 3. 现浇层与装配层首层交界处预留钢筋可考虑墙柱混凝土与梁板混凝土分开浇筑，在墙板混凝土浇筑完成后对定位钢筋进行校核，在进行梁板混凝土的浇筑
6	灌浆工艺	预制柱灌浆质量控制	1. 预制柱如需分仓，分仓缝按设计要求设置； 2. 施工过程中加强对灌浆孔的保护，防止灌浆孔堵塞； 3. 橡胶条及防水砂浆施工控制； 4. 灌浆孔和出浆孔确保一一对应； 5. 增加补浆孔等
7	节点	预制柱与预制梁交接处，一般采用现浇，此处钢筋密集，混凝土难以浇筑，且此处模板难以有效定位，混凝土浇筑质量差	1. 与设计沟通，优化此处钢筋配置； 2. 预制柱最下侧箍筋提前绑扎； 3. 模板支设考虑预制梁上预留对拉螺栓孔； 4. 采用粒径小的混凝土

3.3 深化设计

（1）构件拆分。根据设计院的结构图纸，深化设计单位进行拆分。主要涉及 PC 构件墙体的钢筋检索，PC 构件和现浇部分钢筋的配合。

（2）现浇部分的深化设计。

（3）措施埋件。安装过程中固定埋件，保证质量的固定措施；外架、外防护的埋件深化；支模加固的埋件措施；塔式起重机、施工电梯扶墙的埋件措施。

（4）吊点、抗倾覆措施的深化。

（5）模板支设深化设计。

（6）防渗漏节点的深化设计。

（7）预制构件堆场位置若在地下室顶板上，根据现场实际堆放量，要求设计复核顶板受力，若受力不满足，深化设计时需将顶板区域配筋一同深化。

（8）结合预制构件厂施工工艺，对预制构件进行深化，主要涉及：灌浆套筒位置等。

3.4 施工准备

3.4.1 人员准备

根据PC图纸设计要求及经验，结合本项目PC结构体复杂、质量大和施工复杂的情况，项目部将成立PC结构施工小组，将配备有PC结构施工经验的班组进行施工。施工高峰劳动力达到××人，平均每月××人。

PC结构施工小组成员

组长：项目经理；

副组长：技术总工、生产经理；

组员：各楼栋工长、质量员、安全员等。

表3-3为一栋楼的劳动力计划表。

劳动力计划表　　表3-3

序号	工种	人数
1	起重工（PC堆场、吊装楼层）	
2	信号工（PC堆场、吊装楼层）	
3	钢筋工（负责现浇段钢筋绑扎）	
4	木工（现浇段模板搭设）	
5	混凝土工（混凝土浇筑）	
6	灌浆工（灌浆施工）	
7	架子工（支撑架及外架搭设）	
8	杂工（楼层清理等）	

3.4.2 材料准备

1. 预制构件准备（表3-4）

预制构件　　表3-4

名称	编号	数量	进场日期	堆放地点
预制柱				
内墙板				
叠合板				
楼梯				
……				

2. 主要材料准备（表 3-5）

主要材料 表 3-5

名称	数量	型号	进场时间
混凝土	m^3		
混凝土	m^3		
钢筋	t		
钢筋	t		
……			
钢筋	t		
灌浆料	—	套筒连接区灌浆料采用强度不低于 85MPa 高强灌浆料、非套筒连接区采用强度不低于 40MPa 灌浆料	
粘贴式防水卷材	—	粘贴在预制外墙的外叶墙内侧，代替挤塑板，防止后浇构件在浇筑过程中出现漏浆、跑浆	
高强水泥砂浆	—	预制剪力墙与下层楼板之间的嵌缝封堵	
防水密封胶	—	用于外墙板缝封堵	
PE 橡胶棒	A18/20/24	用于外墙板缝封堵和预制墙体与楼板面缝隙的封堵	
垫铁	—	放置在预制构件下方控制标高	

3. 周转料具准备（表 3-6）

周转料具 表 3-6

名称	数量	型号
2m 钢丝绳		
3m 钢丝绳		
3m 钢丝绳		
4m 钢丝绳		
6m 钢丝绳		
6m 钢丝绳		
U 型卡环		
U 型卡环		
小型吊钩		
预制剪力墙、梁吊具		
叠合板吊具		
PCF 板吊具		
外挂架		
预制墙体斜支撑		
叠合板独立支撑		
七字码		
钢管		

续表

名称	数量	型号
扣件		
模板		
木枋		
对拉螺杆		
顶托		
安全网		
钢筋限位装置		
撬棍		
构件堆放架		

3.4.3 机械准备

1. 吊重分析

（1）根据预制构件图纸查明预制构件最大重量及最远距离；

（2）根据工程经验，判断吊装工具重量，同时考虑预留部分吊重；

（3）根据预制构件重量、吊具重量及预留吊重得出所需吊重；

（4）根据重量选择合适的起重设备，最终复核最远距离及吊重最大处是否满足需求。

2. 主要机械设备（表 3-7）

主要机械设备　　**表 3-7**

名称	数量	型号
塔式起重机		
施工电梯		
平板运输车		
汽车吊		
电动葫芦		
灌浆机		
搅拌机		

3.5 施工工艺

3.5.1 施工工艺流程

施工工艺流程见图 3-1。

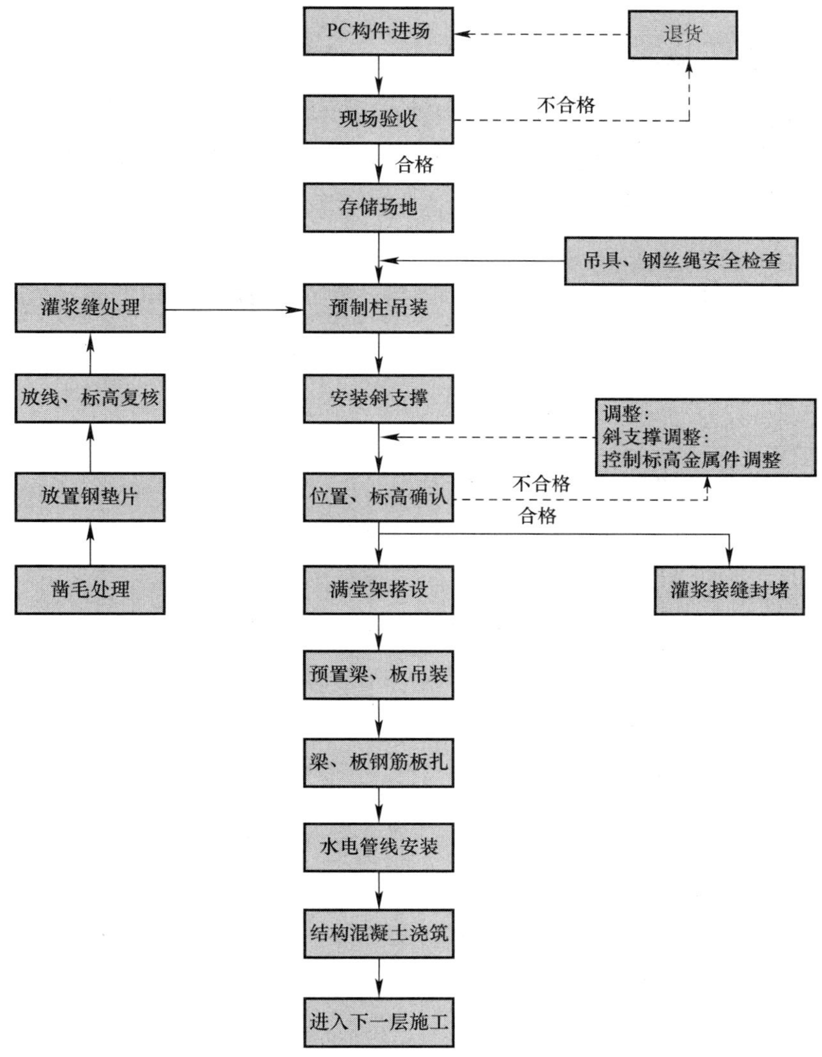

图 3-1　施工工艺流程

3.5.2　进度计划

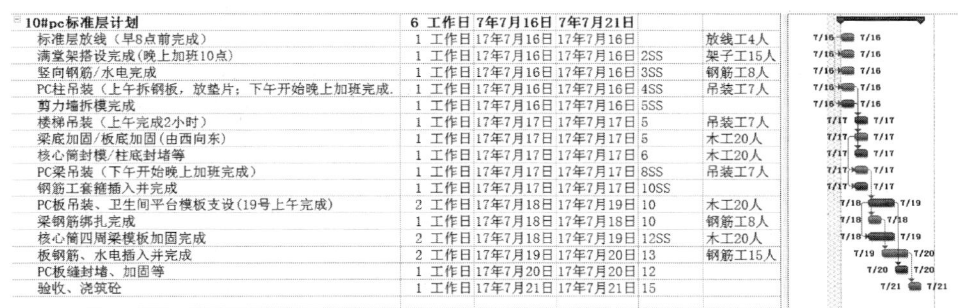

10#pc标准层计划	6 工作日	7年7月16日	7年7月21日		
标准层放线（早8点前完成）	1 工作日	17年7月16日	17年7月16日		放线工4人
满堂架搭设完成(晚上加班10点)	1 工作日	17年7月16日	17年7月16日	2SS	架子工15人
竖向钢筋/水电完成	1 工作日	17年7月16日	17年7月16日	3SS	钢筋工8人
PC柱吊装（上午拆钢板，放垫片；下午开始晚上加班完成.	1 工作日	17年7月16日	17年7月16日	4SS	吊装工7人
剪力墙拆模完成	1 工作日	17年7月16日	17年7月16日	5SS	
楼梯吊装（上午完成2小时）	1 工作日	17年7月17日	17年7月17日	5	吊装工7人
梁底加固/板底加固(由西向东)	1 工作日	17年7月17日	17年7月17日	5	木工20人
核心筒封模/柱底封堵等	1 工作日	17年7月17日	17年7月17日	6	木工20人
PC梁吊装（下午开始晚上加班完成）	1 工作日	17年7月17日	17年7月17日	8SS	吊装工7人
钢筋工套箍插入并完成	1 工作日	17年7月17日	17年7月17日	10SS	
PC板吊装、卫生间平台模板支设(19号上午完成)	2 工作日	17年7月18日	17年7月19日	10	木工20人
梁钢筋绑扎完成	1 工作日	17年7月18日	17年7月18日	10	钢筋工8人
核心筒四周梁模板加固完成	2 工作日	17年7月18日	17年7月19日	12SS	木工20人
板钢筋、水电插入并完成	2 工作日	17年7月19日	17年7月20日	13	钢筋工15人
PC板缝封堵、加固等	1 工作日	17年7月20日	17年7月20日	12	
验收、浇筑砼	1 工作日	17年7月21日	17年7月21日	15	

图 3-2　施工进度计划

3.5.3　吊装顺序

本工程主楼吊装均按由西向东，由南至北方向进行吊装。框架柱、框架梁、次梁、叠合板的顺序进行吊装。预制构件吊装前，需进行预制构件试吊装，试吊装完成后方可进行现场吊装。具体吊装顺序如图 3-3 所示。

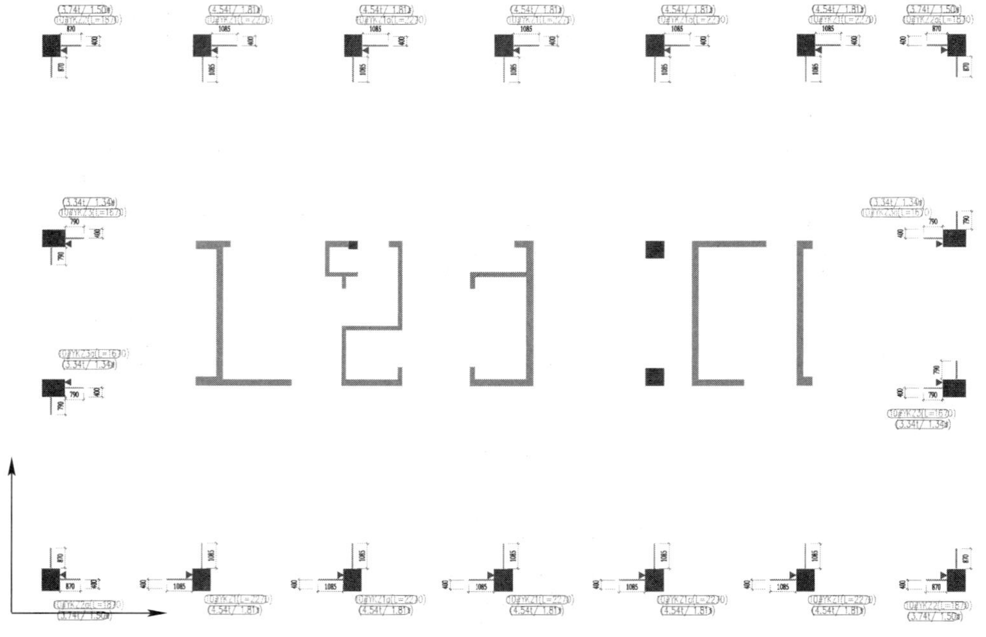

图 3-3　吊装顺序

3.5.4　施工工艺

1. 预制框架柱施工工艺

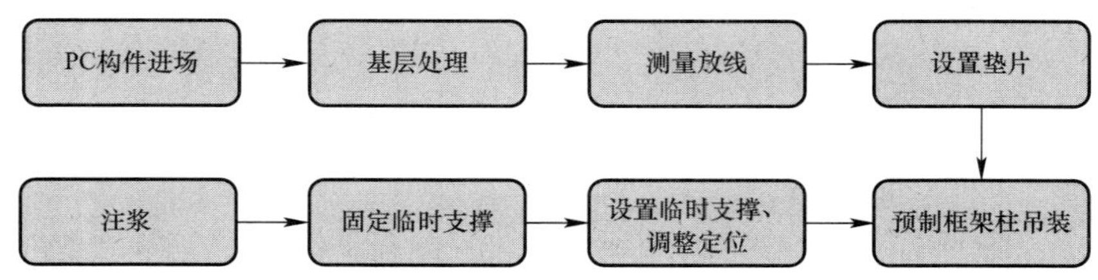

（1）现浇层与装配层首层交界处柱预留钢筋调整

1）钢筋定位套板制作

根据图纸钢筋定位尺寸在加工区制作钢筋定位套板，套板使用 5mm 厚钢板制作，例如 500mm×500mm 的柱子加工尺寸为 600mm×600mm，孔的数量及定位根据图纸现场加工。

2）钢板定位与固定

套板定位时专职测量放线员使用经纬仪和全站仪投放定位线，并用油漆做好标记，确保套板定位的准确。并及时复核放线的准确性。在施工前将各个型号的柱钢套板逐个分门别类，并保证每个都配置一块钢套板。在每个套板按照图纸尺寸在钢套板表面印刻好轴线以及轴线编号，安放时将轴线与纵横轴线相对应，保证套板定位准确。如图 3-4 所示。

图 3-4 柱 ZB-9 钢套板示意图

固定：套板通过螺杆与梁的钢筋焊接在一起牢固定位。如图 3-5 所示。

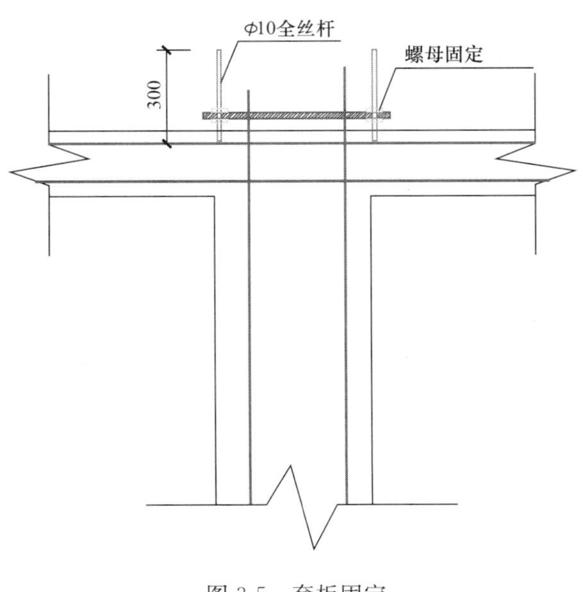

图 3-5 套板固定

顶板浇筑混凝土前将全丝杆焊接到梁主筋上，上部钢板用螺母固定，全丝杆长度300，混凝土浇筑过程中跟踪复测，及时调整。

在管理上，相关管理人员注意交底保证套板安放完毕后不移位，混凝土浇筑过程中跟踪复测，及时调整。定位钢板拆除需要在叠合层混凝土浇筑完毕并且本层的轴线及控制线都投放完毕之后，如此一来定位钢板上的轴线跟楼面的轴线对照，以便核对定位钢板或钢筋是否偏位。

注：套板务必根据图纸统计各种类型，并且将每个定位钢板都编有一个序号，且此号与柱编号相同，保证在施工过程中钢板不乱用，不混用。定位钢板要在加工区按照图纸尺寸加工准确，防止预制柱安装时钢筋不能顺利插入套筒中。

（2）基层处理

现浇层与装配层首层交界处结构板浇筑完毕后及时进行清理板面，柱接头处清除浮浆，拉毛处理，保证预制柱安装时接头灌浆结合可靠。

（3）测量放线

结构层施工完成后吊装预制构件前需要投放：①轴线；②柱轮廓井字线；③柱定位控制线（柱轮廓线以外200mm）；④预制柱纵横轴线；⑤梁安装控制线（在出厂前就在柱子上弹好）；⑥支撑体系的平面网格线（立杆），斜撑拉杆的定位固定点（固定点用红色油漆进行标识）。

（4）框架柱吊装

1）预制柱吊装前提前将绑扎预留钢筋段底部箍筋，避免预制梁吊装完成后，钢筋过于密集，下侧箍筋无法设置到位。

2）根据预制柱平面各轴的控制线和柱框线，校核预埋套管位置的偏移情况，并做好记录，根据图纸将预留钢筋的多余部分割除，若预制柱有小距离的偏移需借助撬棍及F扳手等工具进行调整。

3）检查预制柱进场的尺寸、规格，混凝土的强度是否符合设计和规范要求，检查柱上预留套管，预留钢筋是否满足图纸要求，套管内是否有杂物；同时做好记录，并与现场预留套管的检查记录进行核对，无问题方可进行吊装（表3-8）。

构件尺寸允许偏差及检验方法　　表3-8

项目	允许偏差（mm）	检验方法
柱主筋轴线	±3	用尺量
柱主筋长度	±10	用尺量
预埋套管轴线	±3	用尺量
预埋套管的深度	±10	用尺量
长	+5 −10	用尺量
宽	±5	用尺量
高	±5	用尺量

4）柱就位调整

吊装前在柱四角放置金属垫块，以利于预制柱的垂直度校正，按照设计标高，结合柱子长度对偏差进行确认。用经纬仪控制垂直度，若有少许偏差运用千斤顶等进行调整。

5）柱初步就位时应将预制柱钢筋与上层预制柱的引导筋初步试对，无问题后将钢筋插入引导筋套管内 20～30cm，以确保柱悬空时的稳定性，准备进行固定。

（5）预制柱斜撑固定

预制柱的支撑采用钢板固定，采用 14mm 厚钢板焊接。

图 3-6 钢板固定

在塔式起重机吊装之前，施工人员在构件吊装到相应位置后需及时将支撑钢板固定在预制柱上，在预制柱按照测量员投放的线安装到位后，施工人员将斜撑的钢管支撑在支撑钢板上和露面的支撑点上（图 3-7～图 3-9）。

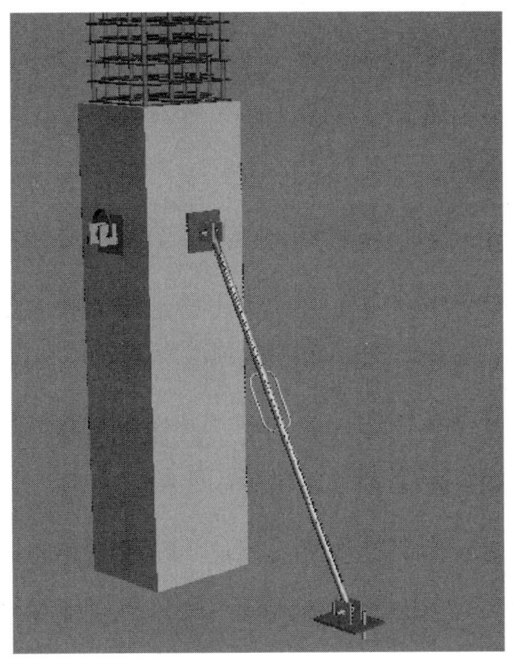

图 3-7 斜撑预制柱节点

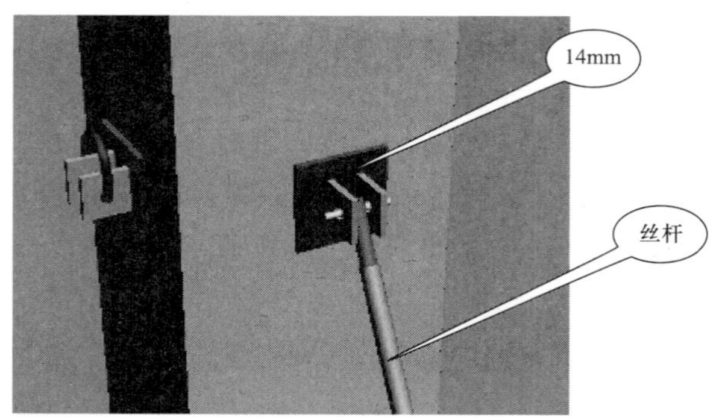

图 3-8　节点详图

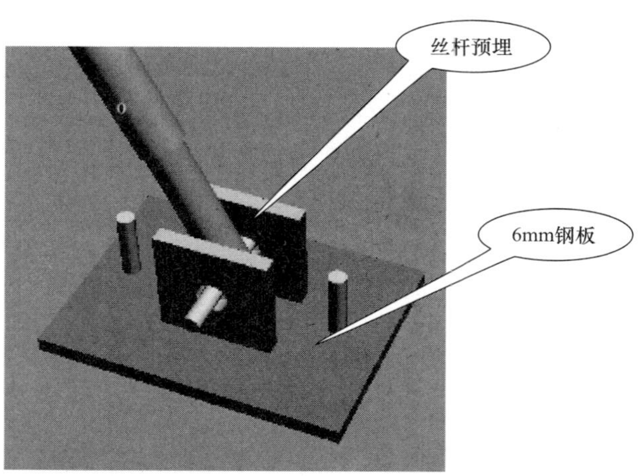

图 3-9　节点详图

2. 预制梁板吊装

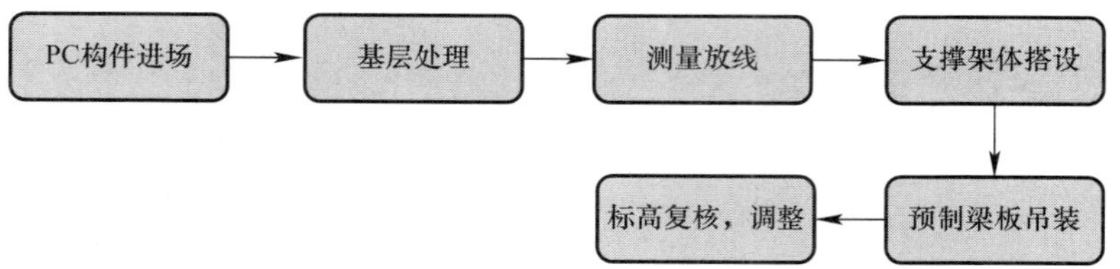

（1）定位放线（图 3-10）

1）在进行叠合梁、板吊装之前，在下层板面上进行测量放线，弹出尺寸定位线及支撑立杆定位线；

2）叠合梁、板在与预制构件或现浇构件搭接处搭接处放出 1cm 控制线；

3）对于上层配筋较大的预制梁，吊装前将梁上层筋进行预穿，避免出现吊装完成后，上层筋难以摆放的问题。

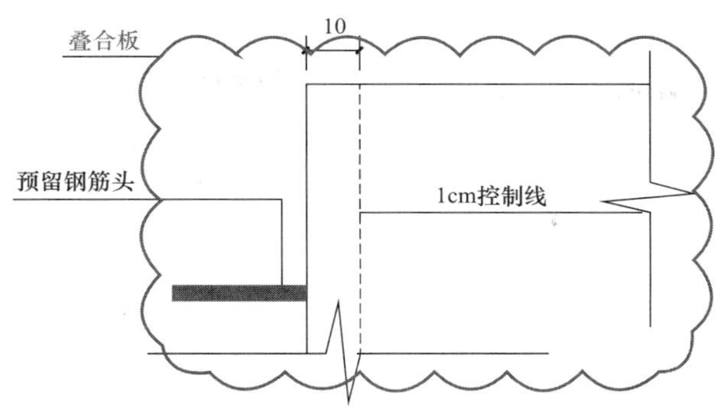

图 3-10 放出叠合板板面 1cm 控制线

（2）预制梁板吊装

吊装时设置两名信号工，构件起吊处一名，吊装楼层上一名。另叠合梁板吊装时配备一名挂钩人员，楼层上配备 2 名安放叠合梁板人员。

吊装前由质量负责人核对墙板编号、尺寸，检查质量无误后，由专人负责挂钩，待挂钩人员撤离至安全区域时，由下面信号工确认构件四周安全情况，指挥缓慢起吊，起吊到距离地面 0.5m 左右时，塔式起重机起吊装置确定安全后，继续起吊。

（3）预制梁板安装

待叠合梁板下放至距楼面 0.5m 处，根据预先定位的导向架及控制线微调，微调完成后减缓下放。由两名专业操作工人手扶引导降落，降落至 100mm 时，一名工人通过铅垂观察叠合梁板的边线是否与水平定位线对齐。

（4）叠合梁抗倾覆措施

叠合梁安装完成后需设置抗倾覆措施，常见抗倾覆措施如下（该部分需与设计复核，根据地方要求选择设置或者不设置）：

1）同预制柱，采用斜杆形式；

2）叠合梁两侧采用立杆加固形式（图 3-11）。

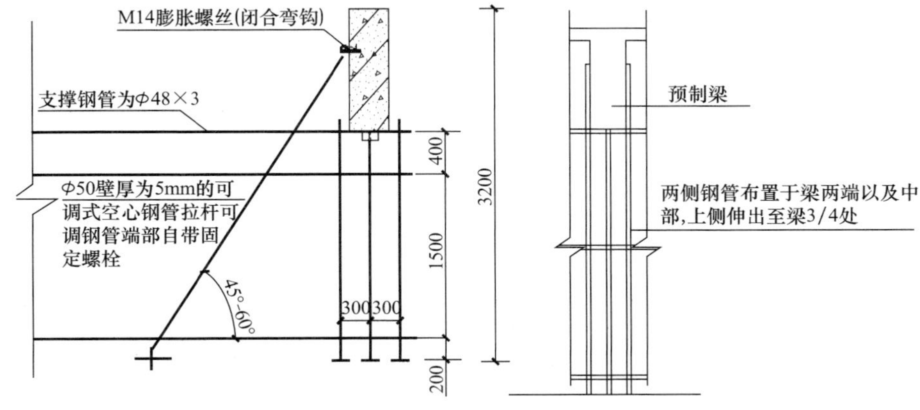

图 3-11 斜杆形式、立杆形式

(5) 预制梁板高处作业防护措施

楼层高度大于 2m，叠合梁、板吊装均属于高处作业。

1）采用普通扣件式脚手架作为支撑架时，叠合梁、板吊装时，周边架体需按照防护操作架要求，应高出作业面 1.2m 以上，作为防护操作架使用。该段吊装作业完成后，拆除高出作业面部分架体，作业支撑架使用。其中该部分架体受力，严格按照支撑架体受力进行计算。

2）采用独立架体作为支撑架时，现场需另行考虑防护操作架搭设，此时架体受力可按照防护操作架进行计算。

3.5.5 相关计算

本方案中应包含堆放场地验算、吊具验算、临时支撑受力计算、塔式起重机扶墙点受力验算、施工电梯扶墙点受力验算、梁板等水平构件支撑体系受力验算。

第 4 章　常见问题分析及对策

4.1　设计阶段

4.1.1　预制构件设计

1. 预制阳台

问题：

（1）预制叠合阳台设计为悬挑板式阳台，受力形式为在叠合层面筋受力，项目施工过程中可能由于下部支撑拆除过早或面层钢筋绑扎不规范导致部分阳台存在开裂现象。

（2）阳台标高同室内标高，为避免雨水倒灌，需在阳台推拉门下设置反坎，增加成本。

建议：

（1）对阳台结构受力形式进行优化，在阳台的叠合板与相邻的墙体或叠合板生产过程中预埋钢构件，通过焊接进行加强；

（2）优化节点设计，阳台进行降板。

4.1.2　构件拆分设计

问题：

（1）厂家实际生产重量比设计重量大，导致塔式起重机吊重不够，出现无法起吊的现象。

（2）构件吊点的设计未按照重心进行布置，起重时构件偏心严重，导致吊点吊钉受力不均匀，存在极大安全隐患。

（3）构件尺寸过大对现场套筒钢筋对孔安装造成很大的操作难度，耽误工期。

建议：将尺寸较大的预制外墙板构件拆分成两个墙体，中间设置后浇段。

4.1.3　深化设计阶段

深化设计阶段主要存在的问题为总承包单位对构件上涉及的相关专业单位的需求了解不足及专业分包的深化设计介入时间偏晚、未用 BIM 软件对构件上的所有预留预埋结合施工措施进行模拟吊装，导致现场施工过程中各类预留预埋遗漏、预埋错误、预埋冲突等问题频发，主要体现在以下方面：

1. 阳台、楼梯栏杆的埋件

栏杆的埋件定位及预留形式与栏杆单位的需求及规范要求不符，前期栏杆安装无法使用定位埋件。

建议：熟悉相关规范，按照规范要求进行预留预埋，或提前对栏杆单位进行招标，由栏杆专业分包提前提出预埋需求，总包单位统一协调。

2. 预制阳台落水管套筒

落水管穿阳台处在预制阳台设计为预留洞口，后期进行吊模封堵，存在渗水隐患。

建议：构件厂在预制阳台生产过程中预留套管。

3. 铝模加固螺栓、挂架孔冲突

铝模孔与挂架孔距离较近，导致挂架与铝模外墙背楞无法同时安装。

建议：因铝模预埋螺栓及挂架孔需避开预制外墙中的钢筋或其他预埋件，设计过程仅由施工单位提出需求，构件厂可能无法满足构件生产需求，构件厂进行深化设计后由总包单位进行审核确认，并采用 BIM 进行模拟安装，确认无误。

4. 室内电梯门洞口深化设计

室内电梯门洞口结构尺寸为比电梯门尺寸大许多，导致室内电梯门后期装修时需大量收口工作。

建议：项目开工时即进行室内电梯门的招标工作，室内电梯提前进场参与项目的深化设计。电梯厂家默认电梯安装完成后存在 5cm 的收口，总包单位需提前将要求告知电梯厂家，建议结构洞口预留大于施工电梯门尺寸 1cm 左右进行预留，同时与劳务队伍进行交底，控制洞口的尺寸。

5. 室内门窗深化设计

问题：

（1）室内部分门安装上口与梁底之间存在间隙，需做过梁；

（2）砌体部分预留加强小砖或混凝土块，门窗安装单位未使用；

（3）门窗固定采用两侧固定片的形式进行固定，后期需进行抹灰收口。

建议：

（1）铝模深化设计过程中按照门窗尺寸进行深化设计，将过梁一次性现浇；

（2）熟悉门窗固定的规范要求，按照要求排布小砖；

（3）在门框或窗框中间采用自攻螺钉的形式进行固定，施工过程门窗洞口尺寸预留精确，避免收边问题。

6. 机电管线的深化设计

问题：

（1）前期预制外墙手孔预留在楼面，导致楼板管线与墙体管线难以接驳，后期存在大量剔凿后接驳；

（2）楼板现浇层内管线存在三管重叠的问题，与叠合板桁架筋冲突，导致现浇7cm无法完全覆盖管线，楼层标高控制困难；

建议：

（1）在预制墙体上预留手孔进行接驳；

（2）对楼层现浇板的管线布置进行深化设计，避免三管重叠问题，若不可避免可通过设计减小管径，或在叠合板的深化设计中对管线位置提前进行压槽，最下排的管线在压槽中布置。

7. 预制框架柱深化设计

预制框架柱深化设计需根据预制构件厂生产工艺进行设计。大部分预制构件厂预制柱生产灌浆孔仅存在三个面，底面灌浆孔由于混凝土浇筑时容易堵塞，故而底面灌浆套筒采用套管由另外三个面进行灌浆。

4.1.4 节点设计

预制构件与预制构件之间、预制构件与现浇构件之间的节点设计需在保证结构安全及建筑使用功能的前提下，尽量满足现场易于装配及工厂易于加工的需求。

4.2 构件生产阶段

构件生产阶段主要内容为预制构件进场的协调组织与预制构件的验收。

4.2.1 预制构件的进场组织

1. 构件的生产计划及调整

总包单位需提前一个月将主体结构施工计划提交至构件厂，构件厂按照计划进行组织构件的生产。

建议：构件厂生产需提前，同一种类构件储存3～4层，避免构件出现质量问题而无构件可更换耽误现场工期的问题。

2. 沟通机制

目前采用的是短信、微信或QQ群及预制构件进场供货单的形式与构件厂及物流公司进行沟通，协调预制构件构件的进场，预制构件信息管理系统（PCIS）在施工现场未使用。

采用此种形式主要存在：构件进场的组织混乱，信息传递途径过多，可能存在预制构件进场编号错误，预制构件进场前未经过验收，预制构件进场时间滞后等问题影响现场的工期。

建议：

（1）总包单位提前确定预制构件的安装顺序，对劳务队伍及构件厂进行交底，现场严格按照吊装顺序进行预制构件的进场；

（2）继续研发预制构件信息管理系统，对物流公司及施工单位提供端口，对构件的全生命周期进行管理，通过信息系统的构件从生产、质量验收、出库、到达现场、现场安装完成等各个环节进行动态显示，施工单位通过构件管理系统提交构件进场的编号及时间要求。

（3）预制构件进场需编制构件运输方案，提前对构件运输的组织及运输过程中的安全控制措施进行策划。

4.2.2　预制构件的进场验收

1. 预制构件进场验收的标准

当前预制构件进场验收的标准较多，存在国家规范《混凝土结构工程施工质量验收规范》GB 50204—2015、行业标准《装配式混凝土结构技术规程》JGJ 1—2014、省标、构件厂企业标准等，各类规范对预制构件验收标准的开项及要求各不相同，且检查项的内容存在缺失，不能完全满足现场施工累计误差的需要。

建议：总承包单位根据安装需求及相关的规范、标准结合，制定预制构件进场的验收标准、检验方法及检验工具，通过构件材料合同内明确，总包单位按此验收标准进行严格验收。

2. 预制构件的验收方法

部分预制构件的验收项存在无法验收或验收困难的问题，如：

（1）叠合板板厚无法测量；

（2）叠合板堆放完成后，对下排的叠合板桁架筋无法验收；

（3）预制外墙的预埋钢筋套筒的定位验收困难；

（4）预制外墙上门窗尺寸及定位验收困难；

（5）预制墙体的线盒管线是否贯通验收困难。

建议：进场验收时由总包单位组织各专业分包在构件厂内进行集中验收，对无法验收或验收困难的项，需在预制构件在现场施工时进行现场验收，验收时发现问题需通知构件厂及时更换，并在合同内规定发生此类情况由构件厂承担工期耽误的费用，要求构件厂从源头进行质量的内控。

3. 预制构件验收的附件资料

按照国家规范《混凝土结构施工质量验收规范》GB 50204—2015，预制构件进场后构件厂需向总包单位提供构件相关的附件资料，主要包含三大类：产品合格证、预制构件的质量证明文件及预制构件生产过程的验收记录，当前附件资料的具体内容及样表规范内无具体规定，需总包单位与构件厂共同与当地的质量监管部门商讨，编制相应的预制构件生产检验方案并组织相关专家进行论证，总包单位与当地质量监管部门与档案管协商，根据其要求是否将相关资料上交或内部存档备查。

预制构件进场验收见图 4-1。

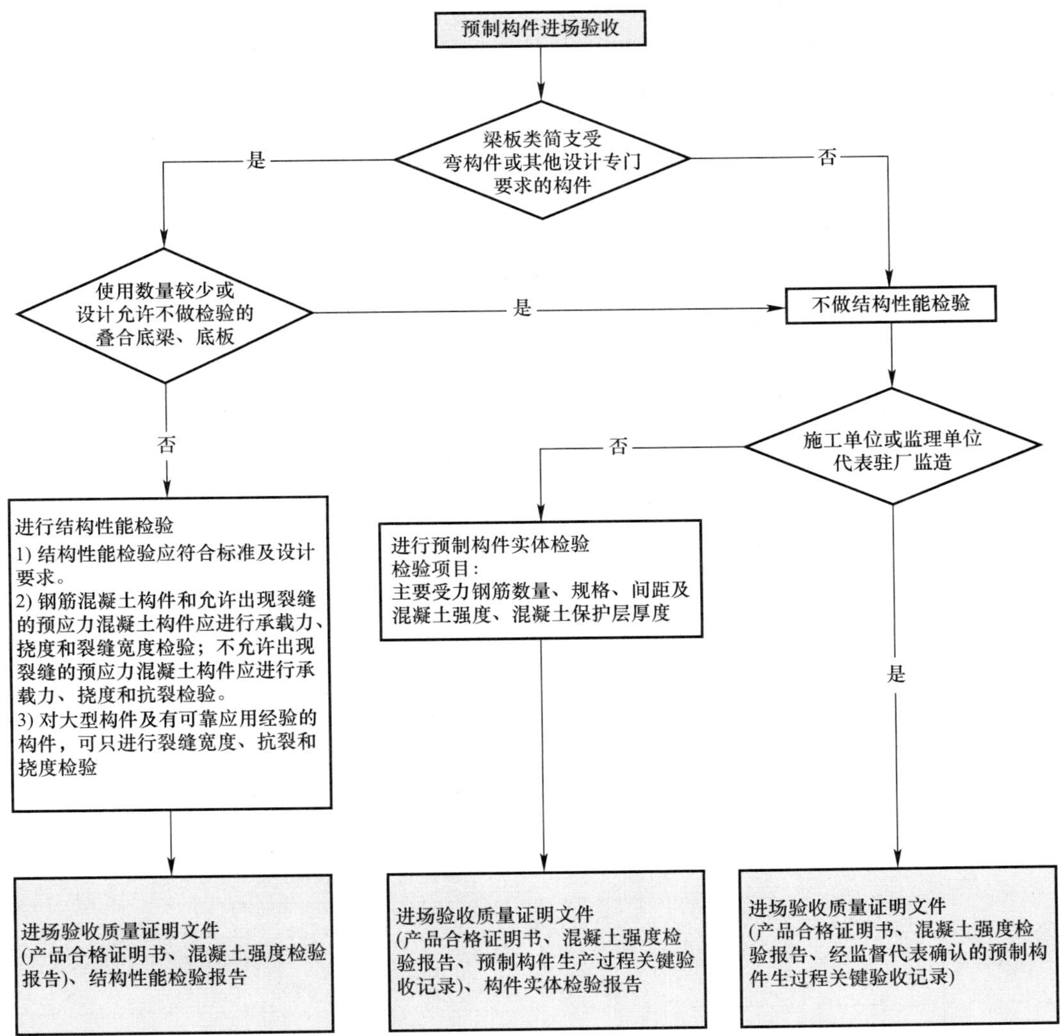

图 4-1　预制构件进场验收

4. 灌浆套筒堵塞监测

预制墙板、预制柱混凝土浇筑过程中，灌浆套筒存在被堵塞的可能，又由于预制构件吊装完成后，灌浆孔堵塞无法处理，故而进场时需检查构件灌浆套筒是否堵塞，现场较为常用的方法为通烟、冲水、钢筋检查的方法。

4.3 构件现场施工阶段

4.3.1 总平面布置

1. 大型机械的选择及布置

塔式起重机选型按构件拆分的最重及最远构件进行布置，但由于构件生产重量与设计重量存在差别，普遍存在偏重现象，在塔式起重机选型时需对吊重能力考虑一定的富余量，建议为 0.5t 左右，同时要求构件厂在最重的构件出厂前进行称重，并在构件厂标识，避免构件进场后因塔式起重机吊重能力不足而无法起吊。

塔式起重机及施工电梯的基础定位若能满足现场实际吊装需求的情况下，可根据室外管网综合布置图进行调整，避开管网位置，避免基础影响后期室外管网的施工，进行管网的调整或基础的凿除。

2. 道路布置

道路布置尽量考虑永临结合的方式，同时也需满足构件从运输车上直接起吊的需求，必要时可设置临时停车场或混凝土泵车停放场地，避免混凝土浇筑、钢筋运输、构件运输相互冲突发生堵塞的现象。

某工程中采用的道路面层做法有四种：装配式重载道路板、装配式轻载道路板、钢板道路、永久水温层道路；各种道路的优缺点分析见表 4-1，不同项目可根据实际情况进行选择。

各种道路优缺点分析　　表 4-1

序号	优点	缺点
装配式重载道路板	1. 强度高，可承受钢筋车、混凝土车等重载车辆； 2. 较轻载道路板尺寸较小，施工及周转简便	1. 较钢板道路周转及施工麻烦； 2. 道路基层未施工好，在道路缝隙进水后基层易泡软，道路板易发生整体翘曲
装配式轻载道路板	由于尺寸较大，较重载道路板不易发生翘曲，建议在永久道路面层使用，便于后期道路下管线面层的调整	1. 尺寸较大且较重，施工及周转麻烦； 2. 是否能长时间走重车未经检验，按照设计计算不能承受较大荷载
钢板道路	施工简便，易于周转； 强度较高，可走重车	1. 钢板之间需要焊接，以保证整体的连续性，避免个别钢板偏位； 2. 雨天及雪天易打滑
水温层道路	成本较低、施工速度快	对水温层的施工质量要求较高； 施工质量差水温层破坏进水后道路极易产生破坏

3. 现场堆场布置

预制构件的堆场面积按照工程与构件厂远近距离进行策划，较近的可设置临时堆场，仅堆放预制墙体构件，其他构件直接从车上起吊，减少吊次，距离较远可选择较大堆场，面积可堆放一整层的预制构件。具体堆放数量根据结构设计情况及与构件厂的间距进行布置。

构件堆场的定位避免离楼层较远，同时尽量避开室外综合管网，或施工之前提前将地下管网施工，构件堆场面层推荐采用装配式轻载道路板，可周转使用。

构件在构件堆场内的摆放顺序需提前进行详细策划，按照吊装顺序进行摆放，在满足工人安装吊具需要的工作面的同时要尽量紧凑。

若堆场位于地下室顶板，堆场可根据现场预制构件堆放情况，对堆场区域进行受力验算（该验算可通过技术核定单让设计院进行），受力不满足要求的情况下，可以同设计院沟通，建议增加配筋，以后续地下室区域工序插入为由。或者采用局部钢管支撑的方法进行回顶。

4.3.2 预制构件吊装吊具的选择

（1）预制墙体吊具采用工字梁的形式，具体可购买成品或自行制作，吊梁下部的开孔可根据较长预制墙体 3～4 个吊点的位置进行对应，保证使用同样长度的吊索或钢丝绳即可起吊并保持平衡，避免频繁更换不同长度的钢丝绳造成时间浪费。

（2）叠合梁吊装工具采用两根场地相同的钢丝绳吊装即可。

（3）叠合板吊装工具采用四根长度相同的钢丝绳进行吊装，吊点的定位构件厂在出厂前进行明显标识。

（4）楼梯的吊装采用两根同样长度的长钢丝绳及两根同样长度的钢丝绳进行吊装，钢丝绳的长度需具体进行模拟计算，保证预制楼梯起吊后休息平台水平，方便吊装。

（5）预制阳台的吊装采用四根长度相同的钢丝绳进行吊装。

（6）吊扣需与构件内预埋的吊钉配套使用，使用同一厂家的生产的吊扣与吊钉，同时厂家需提供相应的安全计算书。

（7）钢丝绳或吊索的选择需提前根据构件重量进行安全计算，构件起吊后钢丝绳或吊索的角度需在 45°～60°之间。

4.3.3 预制构件的支撑体系

1. 预制墙体

支撑体系选用单根斜支撑与 7 字码相结合的形式进行支撑，支撑体系的上口通过构件上预埋的螺栓进行固定，下口采用膨胀螺栓固定在楼板上。一般墙体采用两套斜撑及 7 字码进行固定，较长墙体需 3 套或以上进行固定。

采用此种固定方式主要存在以下问题：

（1）7 字码使用麻烦，项目后期主体结构施工过程中 7 字码基本未使用，主要由于部分7字码的定位与注浆孔冲突且墙体采用7字码固定后在后续注浆过程中需将7字码拆除后进行注浆封堵，注浆完成后进行将砂浆剔凿后重新安装，过程十分烦琐。

建议：取消7字码的使用，在满足支撑体系安全计算的前提下采用单根斜撑进行支撑。

（2）支撑体系在楼板上采用膨胀螺栓的形式固定，主要优点为加固较快，成本低，但存在以下问题：

1）固定时受楼板混凝土强度影响较大，冬期温度较低时，影响工期。

2）膨胀螺栓极易将楼板打穿，造成质量问题。

3）膨胀螺栓的定位点与楼板现浇层内的管线易发生冲突，需在施工之前提前将点位进行布置，同时对主体结构施工队伍及安装队伍交底，主体结构施工队伍严格按照点位进行膨胀螺栓的固定，安装队伍在管线安装时提前策划避开膨胀螺栓固定点。

建议：

1）提前策划在叠合板生产时预埋斜撑及7字码下口固定用车丝钢筋头，解决上述三个问题，但需要构件厂进场配合。

2）在现浇层内预埋钢板并焊接车丝钢筋头。

其他项目采用的预制墙体固定体系有两根长短不一的斜撑进行固定。

2. 叠合板支撑体系

目前应用的有普通钢管扣件支撑体系、独立支撑体系及承插盘扣式支撑体系，项目具体情况进行选择。

叠合板可调独立支撑、三角撑、支撑横梁组成，实施过程中需注意以下事项：

（1）三角撑每栋楼配置一套进行周转使用，独立支撑的三角撑后期基本未使用，三角撑撑可独立采购，建议取消；

（2）独立支撑的定位间距需提前进场策划，首先要满足独立支撑及叠合板安全计算的需求，同时定位需避开构件斜支撑及铝模斜撑；

（3）本工程支撑横梁采用的是2根50×100的木枋拼接而成的100×100的木枋，另外有成品100×100的木枋及金属横梁可供采购；

（4）同一块叠合板下尽量布置4根单支顶进行支撑，支撑横梁的长度需提前根据单支顶的间距进行详细策划，支撑横梁下需由两个独立支撑进行回顶，避免出现一根横梁一个单支顶的情况；

（5）叠合板支撑体系的验收公司目前无相关流程，建议参考常规项目满堂架验收流程进行验收，自行制定相关验收表格。

3. 叠合梁支撑体系（图4-2、图4-3）

叠合梁支撑体系与叠合板类似，叠合梁放置于两侧的现浇墙体之间，长度较小的叠合梁可直接搁置在现浇墙体的铝模小背楞上，底部不需要加支撑，若长度较长，需在叠合梁底部加独立支撑及支撑小木枋进行回顶。

图 4-2 叠合梁铝模现场照片

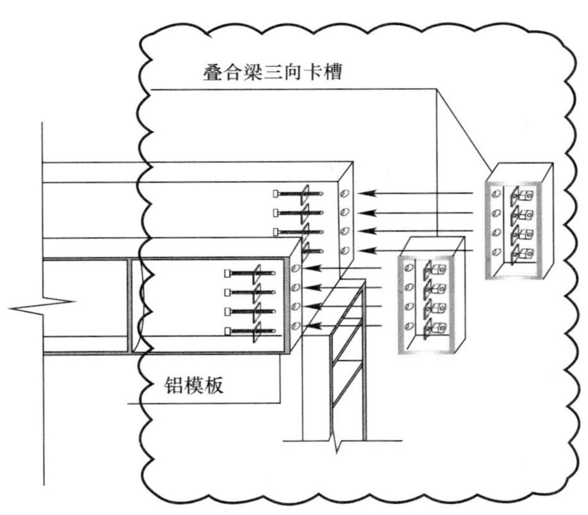

图 4-3 叠合梁三向卡槽

因叠合梁端头两侧为水洗面，叠合梁长度一般为负误差，叠合梁两侧端头不能完全嵌入到现浇墙体的铝模中，会产生侧翻及漏浆的问题，项目采用在叠合梁就位后，在现浇墙铝模上增加左右两侧配件，通过销钉销片与现浇墙铝模小背楞连接，避免产生侧翻及漏浆问题。

4. 预制楼梯支撑体系

项目采用的是全预制楼梯，包含预制梯梁及休息平台与梯段板整体预制的楼梯板，预制梯梁与两侧预制墙体的后浇段通过钢筋锚固固定。

预制楼梯支撑时，通过单支顶支撑预制梯梁，楼梯板固定在预制梯梁上。

5. 预制阳台支撑体系

预制阳台采用四根独立支撑体系进行固定，需要注意：预制阳台吊装时阳台靠近外墙且仅靠独立支撑体系进行固定，阳台的重心需向楼层内轻微倾斜，要求靠近外侧的两根独立支撑要略高于内侧的独立支撑，同时也可将预制阳台的预留钢筋与预制墙体上的预留钢筋进行焊接作为加强措施。

阳台为悬挑构件，独立支撑体系较叠合板支撑体系需多套配置，满足混凝土强度达到 100%时独立支撑体系拆除的要求。

6. PCF 板支撑体系

PCF 板安装过程中在 PCF 板及两侧的预留墙体上预埋螺母，通过 L 形角铁上预留长圆孔通过螺栓进行临时固定，两侧各两个，需要注意在相邻两侧外墙后浇段内钢筋绑扎之前进行固定，否则角铁安装将十分困难。

7. 空调板支撑体系

空调板支撑可根据空调板的定位及大小进行支撑，较小空调板若两侧有预制墙体，较大空调板或悬挑空调板底部应加独立支撑体系。

4.3.4　预制构件的吊装

1. 预制构件的吊装顺序

预制构件的吊装顺序特别是预制外墙的吊装顺序需提前进行策划，先吊装边角的预制墙体作为基准定位控制预制墙体的累计误差，基准定位墙体吊装完成后按顺序吊装其他预制外墙，便于后续工序的穿插。

2. 预制墙体的吊装

预制墙体定位偏差较大：预制外墙之间拼缝大小不一，与设计 20mm 偏差较大，预制外墙存在错台，门窗标高不统一。

原因分析：

（1）施工工艺问题：预制外墙定位以钢筋对套筒为准，墙体落位后，操作工人不做后续调整；

（2）墙体定位以单面墙体为准，墙体落位后未综合相邻墙体定位情况进行拼缝调整；

（3）预制墙体本身偏差较大，预制构件进场验收未认真执行；

（4）墙体吊装之前未根据墙体本身尺寸偏差情况进行综合考虑；

（5）墙体下垫片未使用钢垫片，塑料垫片强度低易发生变形；

（6）管理人员未及时旁站监督，过程三检制度未落实。

解决措施：

（1）要求构件厂出厂之前根据墙体本身尺寸情况在墙体内侧弹轴线定位线，现场楼板上提前弹该轴线，现场按此定位线进行定位；

（2）做好预制构件的进场验收工作，墙体长度及外叶板外侧垂直度问题较大墙体在构件厂处理完成之后进场；

（3）做好过程监督管理，预制墙体吊装完成后定位偏差较大处及时进行调整；

（4）责令墙体垫片采用钢垫片，垫片防治位置进行剔槽找平处理；

（5）研究辅助吊装措施，通过辅助工具控制墙体的定位；

（6）吊装之前提起测量楼面垫片处混凝土高度，预制构件吊装之前将现场所有墙体实际尺寸进行数据模拟，提前通过 BIM 进行预拼装模拟。

3. 预制梁、柱吊装

预制梁吊装前将梁上侧钢筋采用钢丝固定与预制梁上，避免预制梁吊装完成后钢筋难穿的问题。

预制柱吊装前需将最下层箍筋采用钢丝固定于预制柱上，避免预制梁吊装完后，预制柱下层箍筋无法安装。

4.3.5　铝模工程

1. 预制外墙后浇段铝模

（1）外叶板背楞加固，因考虑外叶板强度问题，在预制外墙后浇段外叶板处增加了四道背楞进行加固，若在预制外墙外叶板上进行加强处理，使其强度能够满足混凝土浇筑过程中的侧压力，则可免除外侧背楞，仅在内侧进行加固。

（2）预制外墙后浇段混凝土与预制构件之间存在的错台问题，原因如下：

1）铝模与构件接缝处未贴双面胶；

2）铝模对拉螺杆直径偏小，强度较低，容易发生弯曲；

3）对拉螺杆与铝模大背楞间水平方向未固定，容易发生侧移。

建议：

1）增大螺杆直径，背楞加固完成后将背楞与对拉螺杆在水平方向进行固定防止发生整体移位；

2）在预制外墙上与铝模接缝的部位预留凹槽，对错台问题在后期装修时补平，避免后期打磨处理。

2. 现浇内墙及现浇梁铝模

因楼板为叠合板，现浇内墙及现浇梁的铝模与传统全现浇结构不同，传统全现浇结构的墙体及梁的铝模与楼板铝模为同一整体，稳定性较好，而装配式结构的现浇部分为独立铝模体系，在混凝土浇筑过程中容易发生整体偏位，此部分的铝模需采用斜撑进行重点加固。

3. 楼板铝模

卫生间降板区域铝模偏位。

建议：

（1）铝模内侧采用工字钢进行顶撑；

（2）采用止水对拉螺杆进行对拉加固。

4. 其他需注意的问题

（1）铝模小背楞与安装单位预埋套管冲突，导致在铝模在安装或拆除过程中将预埋套管破坏。

建议：在铝模深化设计过程中，与预埋套管临近位置进行特殊处理，割除部分小背楞。

（2）铝模背楞高度设计需即满足混凝土浇筑过程中侧压力，同时需与构件厂共同协商确认，避免预制外墙后浇段处预留的对拉螺栓因和构件埋件冲突，构件厂自行进行位置调整，与一侧相邻的现浇内墙铝模对拉加固孔冲突。

4.3.6 钢筋工程

1. 现浇层与装配层首层交界处预留插筋定位

底部现浇区与首个装配层的预制钢筋定位极为重要，基础施工完成后，按照设计要求预埋了插筋，并在混凝土浇筑之前进行了多次的复核，但因为模板加固问题，导致了预留钢筋的整体偏位。

2. 标准层预制墙体预留钢筋定位

因标准层构件墙体预留钢筋在构件厂生产时通过模具固定，现浇部分厚度在13cm左右，在混凝土浇筑之前调整完成，混凝土浇筑后扰动不大，仅需做局部小的调整即可。

标准层预制墙体钢筋定位措施如下：

（1）在预制墙体验收过程中即进行钢筋的检查；

（2）构件吊装过程中严格控制垂直度；

（3）建议构件厂在构件生产过程中将预留钢筋稍微偏长，若楼板浇筑偏厚，对预留钢筋的长度留有调整空间。

3. 预制外墙后浇段钢筋绑扎

（1）后浇段竖向钢筋连接形式

本项目后浇段预留钢筋直径为10mm、12mm两种，按设计要求为一级直螺纹接头，但因武汉市场该直径直螺纹接头无法询到成熟厂家更改搭接连接，采用搭接连接给后浇段箍筋的绑扎造成很大难度，建议后期项目在施工过程中采用直螺纹接头。

（2）箍筋绑扎

若竖向钢筋连接形式为绑扎的形式，则预制墙体两侧预留的钢筋需预留开口箍、现浇段的箍筋需做成分离箍筋，便于箍筋的绑扎；

若竖向钢筋为一级直螺纹接头连接，预制墙体两侧的箍筋及后浇段的箍筋均可做成闭口箍的形式，墙体吊装完成后先绑扎箍筋，后从顶部插入竖向钢筋进行连接。

4. 叠合梁两侧预留钢筋

项目前期叠合梁两侧预留钢筋为直锚的形式，给叠合梁的吊装及梁柱交接部位的钢筋绑扎造成很大困难，在满足结构设计的前提下可优化为弯锚或锚固板的形式进行锚固。

也可先将叠合梁吊装完成，后续进行预制墙体的钢筋绑扎，按此种方式施工需注意：叠合梁的支撑体系需更改，要求叠合梁防倾覆的措施。

4.3.7 混凝土工程

1. 混凝土浇筑方式

由于项目楼层较矮且混凝土现浇量不大，混凝土浇筑本项目选用天泵及塔式起重机直接吊装两种形式。

若楼层较高，或混凝土量较大通过塔式起重机吊装不能满足施工进度要求，考虑采用地泵及布料机进行浇筑时，尽量将泵管布置在公共区域的现浇结构内，避免因泵管的冲击造成楼板的叠合层及现浇层产生分离。

2. 楼板厚度的控制

楼层净高及楼板平整度偏差较大，经现场实测实量合格率较低。

原因分析：

（1）叠合板桁架筋过高，部分约 6cm，导致板面设计厚度的混凝土无法完全覆盖；

（2）现场水电管线设计偏多，水电管线重叠，混凝土面层无法完全覆盖；

（3）靠近预制外墙处楼面标高控制以预制外墙外叶板板上口为准，预制外墙本身尺寸存在偏差，或预制外墙吊装之后外叶板上口存在误差；

（4）混凝土浇筑及收光过程中未严格按照方案进行收光；

（5）叠合板板底标高控制误差较大，未严格安装方案进行叠合板底的标高控制。

解决措施：

（1）控制叠合板桁架筋及预制外墙尺寸的进场验收；

（2）水电管线较多处楼板现场进行优化排版，避免过多管线交叉；

（3）叠合板进行压槽处理；

（4）对操作工人进行交底，混凝土浇筑及收光过程中加强检查；

（5）叠合板生产可与预制构件厂沟通，混凝土面层可低不可高。

4.3.8 注浆工程

注浆工程需单独编制相应的施工方案，注意事项如下：

1. 外侧注浆的封堵

前期策划采用双排模板外包胶皮，采用水泥钉固定在楼板上的形式进行封堵，但封堵效果不佳，后续施工中采用高强度的砂浆（灌浆料拌制），采用“—ı—”的工具进行控制封堵砂浆进入结构墙体的尺寸，“—ı—”工具示意图如图 4-4 所示。

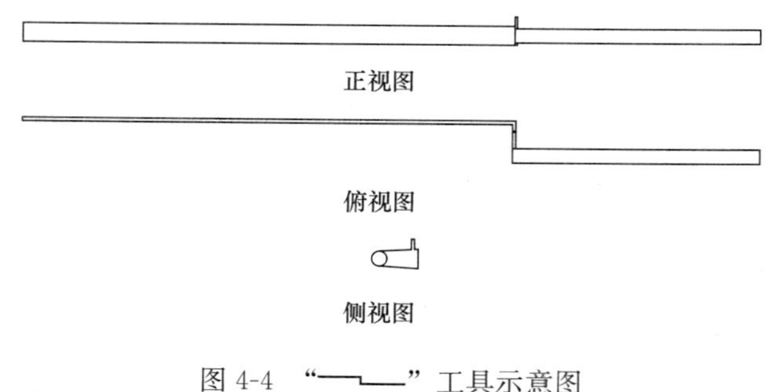

图 4-4　“—ı—”工具示意图

外侧采用砂浆封堵时，与外墙后浇段铝模交接部位需控制厚度，避免砂浆凝固后影响铝模的加固。

2. 墙体分仓及注浆孔的标识

现场预制墙体上未将墙体的分仓、注浆孔、出浆孔及孔是否通畅进行标识，现场注浆工人易发生误操作，且不利于总包单位及监理单位的监管，建议后续总包单位将相关的标识作为预制构件进场的重要验收项。

4.3.9　砌体工程

根据设计图纸，室内砌体采用轻质条板隔墙，经在武汉市考察，轻质条板隔墙生产厂家存在以下问题：

（1）现场内隔墙厚度为 100mm、200mm，而条板隔墙生产商无此厚度的墙体，条板隔墙的标准厚度为 90mm、180mm，墙体施工完成后需进行抹灰补平，增加成本。

（2）武汉市仅一厂家可提前将室内砌体工程中的管线进行预埋，但技术尚在试验阶段，预埋管线后报价较高。

（3）无法提前按现场施工排版图的编号及尺寸在工厂内完成切割，现场直接安装，在现场切割将产生大量的噪声及建筑垃圾，不利于绿色施工。

后续项目将室内砌体更改为精确砂加气砌块，主要从节省成本角度考虑，但不符合工业化建筑的相关理念及评价标准，轻质条板隔墙为工业化建筑装配率计算的一部分，精确砂加气砌块是否参与计算模糊。若后续厂家工艺成熟，或因装配率的要求争取政府优惠政策，建议采用轻质条板隔墙进行施工。

4.3.10　外架工程

装配式混凝土结构中外架选型需根据工程的结构设计情况进行确定，可选择三段式的外挂式脚手架、悬挑架或爬架。

若工程外立面设计无较大凹凸造型，且外墙采用预制外墙，可选用三段式外脚手架，此类型的外架尚无相应的规范进行指导，需编制相应的方案并组织专家论证。

4.3.11 外墙拼缝胶工程

1. 外墙胶类型的选择

按照设计要求，外墙胶为建筑耐候胶，而建筑耐候胶的种类较多，需根据工程的外墙立面做法进行确定，后续外墙立面施工需通过胶进行分隔缝大小的调节，若外墙立面做法为普通涂料，需要在外墙胶上直接施工涂料，采用改性硅烷耐候胶。

2. 品牌的选择

国外合资品牌有西卡（瑞典）、盛世达（日本），国内品牌有安泰、硅宝等，具体生产产品类似，均可满足要求，具体根据项目的成本及质量要求进行选择。